JN313520

Medaka & Killifish & Livebearers

世界のメダカ
ガイド

山崎浩二＝著

世界のメダカガイド 目次

本書の使い方 ………………………………………………… 3
メダカと呼ばれる魚たち …………………………………… 4
用語解説 ……………………………………………………… 5

メダカ（オリジアスの仲間） 9〜22

卵生メダカ 23〜118

卵胎生メダカ 119〜160

真胎生メダカ（グーデアの仲間） 161〜171

メダカの飼育と繁殖 172〜183

メダカの病気と治療法 ……… 184

日本語索引 …………… 186
学名索引 ……………… 189

前頁写真　上／ポロパンチャックス・マイアシィ
　　　　　　下／ノソブランキウス・フルゼリ

本書の使い方

- 所属する目名と科名。
- 日本国内での通称名。多くは学名を片仮名読みしているが、同一の種に複数の名が使われていることもあるので、そうした種には主解説の項で記した。
- メインの写真。成体のオス個体を掲載。
- 学名。現在一般的に用いられているものを記した。
- 生態。卵生メダカにのみ設けている。
- その他の写真。メス個体、地域変異個体、飼育品種などを掲載。
- 飼育・繁殖に適した水温と水質。その種の飼育・繁殖に適した市販の規格水槽の大きさ。水容量は製造メーカーにより多少の違いはあるが、概ね30cm＝10ℓ　36cm＝15ℓ　40cm＝20ℓ　45cm＝35ℓ　60cm＝55ℓ　90cm＝150ℓが目安となる。
- その種が生息している国名の他、局所的に分布する種については地域名も併記。国名ではなく河川・湖の名などを表記したものもある。
- 全長。その種の最大全長ではなく、標準的な全長を示した。雌雄別に表記したものもある。

本書は、趣味の世界で通念的にメダカとされるダツ目 Beloniformes メダカ科 Adrianichthyidae とカダヤシ目 Cyprinodontiformes に分類される魚類を収録した。熱帯魚飼育者を主読者として想定・制作したため、趣味活動の際の利便性を考慮し、分類上の規則に従った掲載順序ではなく、卵生、卵胎生、真胎生と繁殖生態別に項目をたて紹介している。ただしメダカ科魚類は3つの生態別項目とは別に項目をたてて紹介した。

Introduction

メダカと呼ばれる魚たち

メダカの仲間とカダヤシの仲間

　趣味の世界ではひと口にメダカの仲間とグループ分けされているが、日本のメダカとグッピーなどでは、分類学的にも大きく離れている。この分類も現在に至るまでかなり変遷を重ねている。昔に出版された熱帯魚関連の書籍で、オリジアスの仲間（日本のメダカの仲間）と卵生メダカ、グッピーなどの卵胎生メダカが分類的にも近いとされ、いずれもメダカの仲間とひとまとめにされたのが、この仲間がメダカとして今もグループ分けされる理由であろう。個々の分類的な動きについては各種の解説を見ていただくとして、ここではまずは大まかなメダカの仲間の分類的な話しに少々お付き合いいただきたい。

　日本のメダカはダツ目 Beloniformes メダカ科 Adrianichthyidae メダカ亜科 Oryziinae に含まれている。以前はレインボーフィッシュなどと同じトウゴロウイワシ目 Atheriniformes に置かれていたこともある。このダツ目は、名前からもわかるようにダツやサンマなどが含まれるグループである。ジャワメダカ（→P.16）など、「〜メダカ」という和名で呼ばれる魚たちは、全てこのメダカ科に含まれている。

　趣味の世界で卵生メダカと呼ばれるグループは、カダヤシ目 Cyprinodontiformes カダヤシ科 Poeciliidae プロカトーパス亜科 Procatopodinae・アプロケイリクティス亜科 Aplocheilichthyinae、ノソブランキウス科 Nothobranchiidae アプロケイルス科 Aplocheilidae、リヴルス科 Rivulidae、キプリノドン科 Cyprinodontidae、フンデュルス科 Fundulidae などに含まれている。日本のメダカと同じように卵生の魚たちだが、分類的には大きく離れ、メダカの和名で呼ばれることはない。

　親が直接子供を産む卵胎生魚であるグッピー（→P.124）やプラティ（→P.144）、ソードテール（→P.140）といった魚たちは、カダヤシ目 Cyprinodontiformes カダヤシ科 Poeciliidae カダヤシ亜科 Poeciliinae に含まれる。これらもメダカという和名は決して使われることのない魚たちである。

　グッピーやプラティよりもさらに繁殖生態が進化したと考えられるハイランドカープ（→P.162）など真の胎生魚たちは、分類上はカダヤシ目 Cyprinodontiformes グーデア科 Goodeidae に含まれ、やはりメダカという和名は用いられない。

　ここまで読んでいただければ理解していただけたと思うが、趣味の世界ではこれら全てを「メダカの仲間」と呼ぶが、魚類学的にメダカ科魚類以外をあえて和名で呼ぼうとすると「カダヤシの仲間」となってしまうのである。

　ただし、この呼び方はあくまで学問の世界のものであり、趣味の世界では今までどおり「カダヤシの仲間」に対しても「メダカ」の呼ぶことに何も問題ないだろう。逆に呼び方を変え

メダカと呼ばれる魚たちの分類

- ダツ目 Beloniformes
  - メダカ亜目 Adrianichthyoidei
    - メダカ科 Adrianichthyidae
      - メダカ亜科 Oryziinae ── メダカ(ニホンメダカ)、ジャワメダカなど
      - Adrianichthyinae 亜科 ── ゼノポエキルス・サラシノルム(スラウェシコモリメダカ)など
      - Horaichthyinae 亜科
  - ダツ亜目 Belonoidei ── トビウオ、サンマ、サヨリなど

- カダヤシ目 Cyprinodontiformes
  - アプロケイルス亜目 Aplocheiloidei
    - アプロケイルス科 Aplocheilidae ── 卵生。アプロケイルス・パンチャックスなど
    - ノソブランキウス科 Nothobranchiidae ── 卵生。ノソブランキウスの仲間、アフィオセミオンの仲間など
    - リヴルス科 Rivulidae ── 卵生。南米産一年生魚、リヴルスの仲間など
  - キプリノドン亜目 Cyprinodontoidei
    - フンドゥルス上科 Funduloidea
      - プロフンドュルス科 Profundulidae ── 卵生
      - グーデア科 Goodeidae
        - Empetrichthyinae 亜科 ── 卵生
        - グーデア亜科 Goodeinae ── 真胎生。グーデアの仲間
      - フンドュルス科 Fundulidae ── 卵生。フンドュルス・ヘテロクリトゥスなど
    - ヴァレンキア上科 Valencioidea
      - ヴァレンキア科 Valenciidae ── 卵生
    - キプリノドン上科 Cyprinodontoidea
      - キプリノドン科 Cyprinodontidae
        - Cubanichthyinae 亜科 ── 卵生
        - キプリノドン亜科 Cyprinodontinae ── 卵生。アファニウス・メントなど
    - カダヤシ上科 Poecilioidea
      - ヨツメウオ科 Anablepidae
        - ヨツメウオ亜科 Anablepinae ── 卵胎生。ヨツメウオ(フォーアイフィッシュ)の仲間
        - ジェニシア亜科 Jenynsiinae ── 卵胎生。ジェニシア・リネアータなど
        - Oxyzygonectinae 亜科 ── 卵生
      - カダヤシ科 Poeciliidae
        - アプロケイリクティス亜科 Aplocheilichthyinae ── 卵生。アプロケイリクティス・スピローチェン
        - プロカトーパス亜科 Procatopodinae ── 卵生。アフリカン・ランプアイ、プロカトーパス・ノトタエニアなど
        - カダヤシ亜科 Poeciliinae ── 卵胎生。グッピー、プラティ、カダヤシなど

てしまった方が混乱も招きかねない。本書も学術書ではないので、趣味の世界での従来からの分類や呼び方を踏襲している。

趣味の世界での区分け

さて、「メダカ」たちの魚類学的な分類は理解していただけたと思うので、次に趣味の世界でのメダカの仲間の「分類」というか区分けについて話しを進めよう。

まずは卵生メダカの仲間である。読んで字のごとく、卵を産んで繁殖する仲間である。ここにはあえて入れようとすれば、オリジアスの仲間も含まれる。このグループは繁殖生態によってさらに2つに分けられる。

1つはアフリカや南米の雨期と乾期のある環境に生息し、乾期に水の干上がった池沼などの土中で卵の状態で休眠を行う魚たちである。この仲間は孵化後、水のある雨期のみしか生存できず、その寿命の短さから**1年生卵生メダカ(年魚)**と呼ばれる。

もう1つは、いつも水のある環境

Introduction

に生息し、産卵された卵は2週間前後で孵化し、親の寿命も2〜3年ある魚たちで、これらは**多年生卵生メダカ（非年魚）**と呼ばれる。

卵生メダカの仲間を英語では、キリーフィッシュ（Killifish）と呼ぶことが多い。

次に卵ではなく、親の体内で成長した仔魚を産むグループである。グッピーやプラティのように、体内で卵が受精・成長し、孵化してから産み落とされる魚たちを**卵胎生メダカ**と呼ぶ。

メスの体内で臍の緒を通じて孵化した仔魚に栄養を与え、さらに成長した段階で産み落とすグーデア科の魚たちは、卵胎生メダカとは区別され、**真胎生メダカ**と呼ばれる。

卵胎生メダカと真胎生メダカは英語ではひとまとめにされており、ライブベアラー（Livebearer）と呼ばれている。

メダカ飼育の楽しみ方

◎卵生メダカ

この仲間は古くから観賞魚として親しまれてきたが、それは数多く知られている種類の中のほんの一部である。アメリカンフラッグ・フィッシュ（→P.115）、アプロケイルス・パンチャックス（→P.62）、ライアーテール（→P.50）といったポピュラー種は、飼育・繁殖が容易なため、養殖された魚が昔からコンスタントに入荷し、ショップの水槽を飾ってきた。

その後、ランプアイの仲間、アフィオセミオンの仲間、ノソブランキウスの仲間、リヴルスの仲間、南米産1年生魚などが熱帯魚ブームに乗り次々に紹介され、愛好家を増やしてきた。特にこれらアフリカと南米の卵生メダカは、現在でも毎年のように新種や新タイプが発見され、終わ

りが見えないといえる。それだけに奥が深く、一度興味をもったら一生付き合える魚である。あまりに種類数が多いため、特定のグループだけを追求する愛好家も多い。

多くの魅力を秘めた卵生メダカなのだが、1つだけ問題がある。それは入手の難しさである。強健な種類以外は、通常の熱帯魚に比べ扱いが難しいため、一般の観賞魚の輸入ルートに乗りにくいのである。結果、ショップの店頭で見かける機会が少ない。

では、彼らはどのように流通しているのかというと、熱心な愛好家によりインターネットなどを通じて取り引きされているのである。幸いなことに卵生メダカの卵の多くは、郵便などでの輸送にも耐え、卵で交換などができるのだ。

卵生メダカに興味をもつ愛好家は数多くおり、日本はもちろん世界中に熱心な愛好会が存在している。情報交換の他、魚の入手も容易になるので、興味のある方は入会してみるとよいだろう。

卵生メダカで、他の魚たちと大きく異なるのは、採集場所の情報が重要という点だ。同種であっても生息地が異なると体色に違いがあり、混同せず区別できるように考えられた

メダカの仲間の多くは小さな水槽で飼育から繁殖まで楽しむことができる。多くの愛好家は写真のように種ごと、あるいはロケーションの異なる個体ごとに水槽を用意し、それぞれの系統を重視した累代飼育を行っている

採集地の情報は飼育そのものにも役立つ。①タイメダカ (→ P.20) が群れる水路 (タイ国内)。日本のメダカとよく似た環境に棲んでいることがわかる ②東南アジアのパンチャックスの仲間の生息地。外気の影響を受けやすい浅い場所である。彼らが水温への適応幅が広いとされる理由がうかがえる ③清涼な水が流れるメキシコ中央部の卵胎生メダカの生息地 (写真 / 森岡篤) ④東アフリカのノソブランキウスの仲間の生息地。乾期になるとこの場所は干上がってしまう (写真 / 酒井道郎)

表記である。簡単なものでは、採集場所の地名や川の名称、さらに細かい場合はロケーションナンバー (→ P.8) といい、採集場所の情報の他、採集者、採集年などをアルファベットや数字で種名の後に表す。

◎卵胎生メダカ・真胎生メダカ

熱帯魚の中でもっともポピュラーなグッピーやプラティの改良品種は、熱帯魚趣味の萌芽期からその根幹を支えてきたといえるだろう。改良に関しては止まることなく現在でも続けられており、毎年のように魅力的な新品種が発表されている。グッピーは、熱帯魚はグッピーに始まりグッピーに終わるといわれるほど奥が深く、これだけを長年追求している愛好家も多い。卵生メダカと同様、世界中に愛好会が存在し、定期的にメンバーが作出した魚の美を競うコンテストも開催されている。

近年、原種の卵胎生メダカや真胎生メダカにも興味をもつ愛好家が増えてきている。改良品種に比べると入荷量は比較にならず、一般の眼に触れることは少ないが、魅力的な種類がまだまだたくさんいるのである。

なかなか一般的にならない理由として、卵生の魚に比べ、1回に産み出される仔魚の数が少ないことがあげられる。数がまとまらなければ、商業的に扱うことは難しいのだ。そのため卵生メダカと同様に愛好家主導で動いている状況である。こちらも日本の他、海外にも精力的に活動している愛好会があり、勉強のために入会してみるとよいだろう。

用語解説

改良品種：飼育品種と同義。アクアリウムストレインまたはブリーディングストレインと呼ぶこともある。より観賞価値を高める目的で、人工的に作出・固定された通常の野生個体のそれとは異なる表現の個体。突然変異などを固定させる（アルビノ品種など）、体色やひれの大きさ・形状などに改良を加えるために表現の異なる個体同士や近縁の別種同士を交配させる（グッピーの飼育品種など）ことなどで作出される。

硬度：カルシウムやマグネシウムなどの塩類を多く含んだ水を硬度の高い水（硬水）といい、それらをほとんど含まない水を軟水という。カルシウム・マグネシウム塩類を合わせた総硬度は観賞魚の世界ではGH、炭酸カルシウムと炭酸マグネシウムの濃度（炭酸塩硬度）はKHで表す。

ゴノポディウム：卵胎生メダカのオスがもつ生殖器官で、メスの生殖孔に差し込み精子を送り込むために尻びれが変化したもの。グーデア科魚類のオスも交接のための変化した尻びれ（アンドロポディウム）をもつが、卵胎生メダカと比べあまり大きく発達しない。

コミュニテイタンク：一般的に、生育に適した水温・水質が同じで、お互いに脅威とはならない複数の魚が一緒に飼われている水槽をこう呼ぶ。概ね適する水質の幅が広く、他魚に対して攻撃的でなく、水草を食害することも少ない5cm前後の魚がコミュニティタンク向けとされる。

小型種、中型種、大型種：メダカはイメージどおり小さな魚が多いため、本書では成魚の大きさが、小型種：6cm未満、中型種：6～10cm、大型種：10cmを超えるもの、とした。

単独種飼育：単独飼育という言葉と同義的に用いられる。同一の水槽に複数の種類の魚を混泳させるのではなく、1種類の魚のみで飼育を行うことをいう。魚食性の強い種類や、テリトリー意識が強く他魚に対して排他的な種類、動作が緩慢で摂食時に他魚に競い負けしてしまう種類などが、単独種飼育の対象となる。メダカ類の場合、生息環境や生態が特殊な種類（特にノソブランキウス属魚類など年魚）が単独種飼育が望ましいとされる他、成魚の大きさが2cmほどと小さく、他魚から捕食あるいは攻撃の対象とされることを回避する目的で、単独種飼育が望ましいとされる種類がある。

ブリード個体：飼育下で商業用に繁殖させた魚、またはその系統。ブリーディング個体や繁殖個体あるいは養殖個体と呼ぶこともある。本書中にはヨーロッパブリードや東南アジアブリードといった言葉が頻出するが、メダカ飼育が趣味として盛んなヨーロッパでは、愛好家個人が繁殖させた魚が観賞魚ルートに乗ることもある。東南アジアでは熱帯域という「地の利」を活かし、産業として養殖を行っており、グッピーやプラティといったおなじみの熱帯魚たちのほとんどは同地から輸入されている。

プライベートルート：愛好家同士の取引。通常の観賞魚ルートには乗りにくい魚を飼ってみたいとき、同好会への参加、あるいはインターネットなどにより、他の愛好家が所有している魚を個人取引で入手できることもある。卵生メダカの一部は休眠卵の郵送が可能なので、海外の愛好家と国際郵便を利用した個人取引も行われている。生体輸出入業者、生体問屋の手を経て熱帯魚店で販売される、規模の大きな観賞魚流通経路（商業的な流通・商業ルート・コマーシャルトレード）と区別する意味で用いる。

pH（ペーハー）：水素イオン濃度。水が酸性、中性、アルカリ性であるかを示す値。pH7.0が中性で、これより値が低いと酸性、高ければアルカリ性となる。本書の表記における弱酸性のpH値は6.0～6.8、弱アルカリ性のpH値は7.2～8.0とした。

累代飼育：飼育下で世代を重ねること。系統維持という言葉も（特に改良品種の分野で）同義的に使われることがある。

ロケーションナンバー：同種でも採集地の違いで体色が異なる魚を区別するために用いられる表記。例えばノソブランキウス・ルブリピニス"TZ83-05"では、TZが採集した国名タンザニア（Tanzania）、83は採集した年である1983年、05はその採集旅行の5番目のポイントを表す。国名と採集者名の頭文字を併記するなどといったロケーションナンバーもあり、表記に決まりはない。

ワイルド個体：野生個体のこと。現地採集魚やワイルドコート（Wild Caught）と呼ぶこともある。自然下で採集され、観賞魚市場に流通する魚。採集地名を併記して流通することがある。

世界のメダカたち
Profile-1

メダカ（オリジアスの仲間）

過去にはカダヤシ目に含まれ、「卵生メダカの仲間」だったが、ダツ目に移された後には、趣味的にも別のグループとして認知されるようになってきた。このグループ全体を指す言葉として、日本の観賞魚ホビーの世界では「オリジアスの仲間」が比較的よく使われている。オリジアスはメダカ属を指す学名の日本語発音なわけだが、その *Oryzias* はイネの学名 *Oryza sativa* に由来する。彼らが水田と深く関わって生きる魚たちであることがうかがえるだろう。事実、メダカ属魚類の分布域は東アジア〜東南アジアの稲作文化圏と重なり、このグループ全体を指す英語は Rice fish である。オリジアスの仲間は種数自体が少ない上、観賞魚として常に流通している種となると、ほんの数種といったところだが、日本のメダカに関しては、近年魅力ある改良品種が次々と登場し、多数のアクアリストを惹きつけている。今後の展開が楽しみな分野である。

インドメダカ

ダツ目 Beloniformes　メダカ科 Adrianichthyidae

メダカ（ニホンメダカ）　*Oryzias latipes*

全長：4cm　**分布**：日本、中国沿岸部、朝鮮半島西部、台湾　改良品種のヒメダカと区別するために、観賞魚の世界では"クロメダカ"と呼ばれることも多い。以前は日本全国で普通に見られる淡水魚であったが、河川の改修や圃場整備などにより生息場所が減少し、各地で姿を消しつつある。そのため近年環境省レッドデータに記載、絶滅危惧Ⅱ類（絶滅の危機が増大している種）に指定された。最近の研究で、生息場所により遺伝子レベルで大きな違いがあることがわかり、日本国内の個体群は南日本集団と北日本集団に大別（両者は亜種レベルの差違があるとされる）、南日本集団はさらにいくつかの地域型に分けられている（右図参照）。古くから観賞用として親しまれてきたヒメダカの他、近年さまざまな色彩や形態の改良品種も作られている。海外ではクラゲの遺伝子を組み込み、ブラックライト（紫外線灯）を当てると発光する遺伝子組み換えメダカも作出されているが、日本では法律（遺伝子組換え生物等の使用等の規制による生物の多様性の確保に関する法律。通称カルタヘナ法）で輸入が禁止されている。雌雄の判別は、背びれと尻びれの形態に注目すれば容易。背びれに切れ込みがあり、尻びれが大きいのがオスである。またオスは発情すると腹びれが黒く色づく。繁殖は水温や日照時間に左右され、春から秋にかけて数日おきに産卵が行われる。産卵後メスは排泄口付近に卵をブドウの房のようにぶら下げているが、しばらくすると水草などに付着させる。卵は水温にもよるが、10日前後で孵化する。**水温**：20〜25℃　**水質**：弱アルカリ性　**水槽**：30cm〜

メダカ各集団の分布域

ダツ目 Beloniformes　メダカ科 Adrianichthyidae

1. 静岡県産
2. 茨城県産
3. 山口県産
4. ヒメダカ
5. ブチメダカ
6. アルビノヒメダカ
7. ブラッシングヒメダカ

11

ダツ目 Beloniformes　メダカ科 Adrianichthyidae

⑧ 光ヒメダカ
⑨ ブラッシングヒメダカ
⑩ 光ブラッシングメダカ
⑪ アルビノメダカ
⑫ ブルーメダカ
⑬ 光ブルーメダカ
⑭ ブラックメダカ
⑮ クリームメダカ
⑯ ブラウンメダカ

ダツ目 Beloniformes　メダカ科 Adrianichthyidae

⑰ 透明メダカ
⑱ アルビノホワイトメダカ
⑲ ミユキメダカ
⑳ パンダメダカ
㉑ ホワイトパンダメダカ
㉒ 東天紅メダカ

13

ダツ目 Beloniformes　メダカ科 Adrianichthyidae

㉓ 楊貴妃メダカ
㉔ 琥珀メダカ
㉕ バルーンブルーメダカ
㉖ 白バルーンメダカ
㉗ 光白バルーンメダカ
㉘ 光ブルーバルーンメダカ
㉙ "グリーン"（クラゲの遺伝子を組み込み作出された）
㉚ "レッド"（クラゲの遺伝子を組み込み作出された）
㉛ "オレンジ"（クラゲの遺伝子を組み込み作出された）

ダツ目 Beloniformes　　メダカ科 Adrianichthyidae

ハイナンメダカ *Oryzias curvinotus*

全長：4㎝　**分布**：中国・海南島、ベトナム
　色彩、形態ともに非常に日本のメダカ *O.latipes* に似ており、系統的に近い種と考えられる。海南島の生息場所は環境破壊により減少し、生息が危ぶまれているという。それゆえ観賞魚として流通することはほとんどなく、入手は難しい。**水温**：22～28℃ **水質**：中性～弱アルカリ性 **水槽**：30㎝～

インドメダカ *Oryzias melastigma*

全長：4㎝　**分布**：インド、バングラディシュ、ミャンマー　やや体高が高く、成長したオスの尻びれが白くフィラメント状に伸長するのが特徴である。ジャワメダカ（→P.16）、セレベスメダカ（→P.17）とともに観賞魚としての入荷量は多く、さほど労することなく入手できる。飼育・繁殖は容易。アルビノ品種も知られている。**水温**：22～28℃ **水質**：中性～弱アルカリ性 **水槽**：30㎝～

ダツ目 Beloniformes　メダカ科 Adrianichthyidae

ジャワメダカ　*Oryzias javanicus*

全長：♂4㎝　♀5㎝　**分布**：東南アジア（インドネシア、マレー半島　メダカ属の中ではもっとも輸入量が多く、観賞魚としてポピュラーである。東南アジアの沿岸域に広く分布しており、そのためか生息地による形態の変異が大きいようだ。現地では主に汽水域に生息し、塩分への耐性が強いために海沿いに分布を拡げたと考えられる。飼育は容易で、純淡水による飼育で問題ないが、調子を崩した際には塩分を加えると効果的である。**水温**：23〜28℃　**水質**：中性〜弱アルカリ性　**水槽**：30㎝〜

♀

"アンダマンブルーアイ"という名で輸入された♂

フィリピンメダカ　*Oryzias luzonensis*

全長：3㎝　**分布**：フィリピン・ルソン島北部　ルソン島に生息し、その種小名の命名由来となっている（ルソンメダカの名で呼ばれることもある）。尾びれの上下は黄色く色づくが、オスのほうがメスよりも濃くなる。オスの体側後半部には不規則な青色のスポットが入る。現在のところ観賞魚としての入荷はほとんどない。**水温**：22〜28℃　**水質**：中性〜弱アルカリ性　**水槽**：30㎝〜

ダツ目 Beloniformes　メダカ科 Adrianichthyidae

セレベスメダカ　*Oryzias celebensis*

全長：♂ 4㎝　♀ 3.5㎝　**分布**：インドネシア・スラウェシ島　体側後半部に入る不規則な青色の斑紋と尾びれに入る青色のラインが特徴。尾びれの上下も黄色く色づく。メダカ属 *Oryzias* の中ではジャワメダカとともに輸入量が多く、熱帯魚店で見かける機会も多い。水質は中性〜弱アルカリ性を好むが、日本の水道水なら塩素中和のみの処理で、水質調整なしでも問題なく飼育できるだろう。**水温**：22〜28℃　**水質**：中性〜弱アルカリ性　**水槽**：30㎝〜

オリジアス・ニグリマス（ニグリマスメダカ）　*Oryzias nigrimas*

全長：♂ 4㎝　♀ 3.5㎝　**分布**：インドネシア・スラウェシ島　スラウェシ島中央部のポソ湖（Lake Poso）に生息する。発情したオスの体色は真っ黒になるのが特徴。平時でも優位に立つオスほど濃く、弱いオスでは薄いままである。メダカ属の他種と体形を比較すると頭部がやや小さくスリムな印象を受ける。まれにブリード個体が出回る程度である。飼育水は弱アルカリ性の硬水が適している。**水温**：22〜28℃　**水質**：弱アルカリ性　**水槽**：30㎝〜

ダツ目 Beloniformes　メダカ科 Adrianichthyidae

オリジアス・マタネンシス（マタネンシスメダカ）　*Oryzias matanensis*

全長：5㎝　**分布**：インドネシア・スラウェシ島　スラウェシ島中央部のマタノ湖（Danau Matano）に生息する。オスの各ひれは状態により黒く染まる。また体側には不規則な暗色斑が入るのが特徴。メスのひれや体色は地味である。まれに現地採集魚が入荷するが、他のメダカ属の魚に比べてその機会は少ない。飼育には弱アルカリ性の硬水が適している。
水温：22～28℃　**水質**：弱アルカリ性　**水槽**：30㎝～

オリジアス・プロフンディコラ（プロフンディコラメダカ）　*Oryzias profundicola*

全長：6㎝　**分布**：インドネシア・スラウェシ島　スラウェシ島中央部のトウティ湖（Danau Towuti）に生息する。メダカ属の中では大型になり、体高もあるためにがっしりとした印象を受ける。オスの体色は黄色みが強く、尻びれの軟条は伸長する。観賞魚としての入荷量は非常に少なく、入手は難しい。飼育には弱アルカリ性の硬水が適している。
水温：22～28℃　**水質**：弱アルカリ性　**水槽**：45㎝～

ダツ目 Beloniformes　メダカ科 Adrianichthyidae

オリジアス・マルモラートゥス（マルモラータスメダカ）　*Oryzias marmoratus*

全長：5㎝　**分布**：インドネシア・スラウェシ島　スラウェシ島中央部のトウティ湖、マハロナ湖（Danau Mahalona）に生息する。やや高めの体高を有し、オスの背びれと尻びれの軟条が伸長するのが特徴。観賞魚としての入荷はほとんどない。スラウェシ島はメダカ属の固有種が多く、本種も含め8種を数える。同島にはコイ科やキノボリウオ科魚類といった純淡水魚が在来種におらず、メダカ属魚類が独自の進化を遂げたと考えられている。**水温**：22～28℃　**水質**：弱アルカリ性　**水槽**：30㎝～

手前♂　奥♀

ネオンブルー・オリジアス　*Oryzias* sp.

全長：4㎝　**分布**：インドネシア・スラウェシ島　2010年に当然輸入された美種。オスの体側が美しい青色に輝くことからその名が付けられた。尾びれ上下に入る赤のラインも特徴である。飼育・繁殖はそう難しくなく、国産の魚が出回るようになれば普及するだろう。よく似たカラーパターンの *Oryzias woworae* が2010年に新種記載されているが、本種とは別種と思われる。**水温**：22～28℃　**水質**：弱アルカリ性　**水槽**：30㎝～

ダツ目 Beloniformes　メダカ科 Adrianichthyidae

メコンメダカ　*Oryzias mekongensis*

全長：2㎝　**分布**：タイ、ラオス　種小名 *mekongensis* からもわかるようにメコン川水系に分布している。メダカ属の中でも特に小型。尾びれの上下に赤い色彩が入るのが特徴である。コンスタントではないが、採集魚の入荷もあり、入手は難しくない。現地では弱酸性〜中性の水質に生息している。飼育は容易だが、小型なので混泳させる魚や餌の大きさには注意が必要。**水温**：22〜28℃　**水質**：弱酸性〜中性　**水槽**：30㎝〜

タイメダカ　*Oryzias minutillus*

全長：2㎝　**分布**：タイ、カンボジア　メコンメダカとともにメダカ属の中では最小の種である。その名のとおりタイのバンコク周辺からマレー半島にかけて広く生息しており、分布域はカンボジアまで至る。観賞魚としての入荷もあり、熱帯魚店で見かける機会もある。水質に対する順応性は高く、飼育は容易である。**水温**：22〜28℃　**水質**：中性〜弱アルカリ性　**水槽**：30㎝〜

ダツ目 Beloniformes　メダカ科 Adrianichthyidae

オリジアス・ペクトラリス　*Oryzias pectoralis*

全長：3㎝　**分布**：ベトナム，ラオス　体形や尾びれの上下が赤く色づく点はメコンメダカ（→ P.20）に似ているが、大きさがひと回り大きくなる。本種だけの入荷は少なく、まれにベトナム産の他魚に混ざって入荷する。飼育は容易である。**水温**：22 〜 28℃　**水質**：中性〜弱アルカリ性　**水槽**：30㎝〜

メダカ属の一種・インドージー湖産　*Oryzias sp . "Indawgyi Lake"*

全長：2.5㎝　**分布**：ミャンマー・インドージー湖　やや小型で、各ひれのエッジが白く縁取られるのが特徴。本種も含め、2000 年にミャンマー北部カチン州のインドージー湖（Indawgyi Lake）産の採集魚がまとまって入荷したが、近年はなく入手は難しい。飼育は他のメダカ属魚類と同様容易である。こうした入荷が不定期な種類は、ぜひ繁殖させて系統を維持しておきたい。**水温**：22 〜 28℃　**水質**：中性〜弱アルカリ性　**水槽**：30㎝〜

ダツ目 Beloniformes　メダカ科 Adrianichthyidae

メダカ属の一種・インド産 *Oryzias* sp. "India"

全長：3cm　**分布**：インド　2000年頃から観賞魚としてインドから入荷するようになった種類で、細身で腹部がえぐれたような体形が特徴である。入荷は不定期なので、入手はやや難しいだろう。飼育は難しくなく、中性前後の水質が適している。**水温**：22〜28℃　**水質**：中性〜弱アルカリ性　**水槽**：30cm〜

ゼノポエキルス・サラシノルム（スラウェシコモリメダカ）*Xenopoecilus sarasinorum*

全長：9cm　**分布**：インドネシア・スラウェシ島　スラウェシ島中央部のリンドゥ湖（Danau Lindu）に生息する。スラウェシコモリメダカの和名をもつように、産卵した卵を水草などに付着させず、メスが孵化するまで腹びれに抱いて保護するという変った習性をもつ。メダカ属に近縁とされるが、ゼノポエキルス属 *Xenopoecilus* の魚は細身の体形とやや大きな口が特徴である。観賞魚としての入荷はほとんどなく、入手は難しい。**水温**：22〜30℃　**水質**：中性〜弱アルカリ性　**水槽**：45cm〜

卵生メダカ

卵生メダカと聞いて、まず思い浮かぶのはアフィオセミオンやノソブランキウスの仲間たちだろう。特殊な環境に暮らす魚も多く、一部を除いて一般的な観賞魚とは言いがたいが、「生ける宝石」という言葉に相応しく、どの熱帯魚も凌駕する鮮やかな色彩をもつ。地域変異などのバラエティに富み、原産地名やロケーションナンバーを付された魚が多く見られるのもこのグループの特徴といえるだろう。こうした産地ごとの系統を累代飼育することが、愛好家間で定着していることもあり、確実な血統を手に入れるには、愛好会への参加やインターネットを通じた個人取引が早道である。趣味的にはオリジアスの仲間も「卵生メダカ」と呼んで差し支えないだろうが、本書では、カダヤシ目魚類の中で仔魚を直接産み落とさない魚を卵生メダカとした。アフィオセミオンやノソブランキウスの仲間の他、ランプアイの仲間、南米産1年生魚、リヴルスの仲間、キプリノドンの仲間などもここに含めている。

アフィオセミオン・オゴエンセ

カダヤシ目 Cyprinodontiformes　カダヤシ科 Poeciliidae

ムユカ（Muyuka）産♂

プロカトーパス・シミリス　*Procatopus similis*　多年生

全長：6㎝　**分布**：カメルーンプロカトーパス属 *Procatopus* の魚としては体高がやや高め。美しい金属的光沢のある青色の体色をもつことから、観賞魚として人気が高い。ヨーロッパブリードの個体の他、現地採集魚もまれに入荷している。生息地の違いによる色彩変異も多く、特にひれの色彩や模様などに大きな違いが見られ、それらをコレクションする愛好家も多い。水草でレイアウトした水槽に群れで泳がせると非常に見応えがある。繁殖は難しくないが、数多くの子供を得るのはやや難しい。本属の魚は産卵の際に、流木や岩の裂け目などに卵を産みつけるクラック・スポウナーである。**水温**：22〜27℃　**水質**：弱酸性〜中性　**水槽**：45㎝〜

クンバ（Kumba）産♂

産地不明♂

カダヤシ目 Cyprinodontiformes　カダヤシ科 Poeciliidae

プロカトーパス・ノトタエニア　*Procatopus nototaenia*　多年生

全長：6㎝　**分布**：カメルーン　洋書などの写真でしか見られない魚だったが、現在は比較的コンスタントに入荷している。オスの尻びれの軟条はフィラメント状に伸長する。生息地により体色などに変異があり、カメルーン西部のヤバシ（Yabassi）産は尻びれに美しい縞模様が入るのが特徴。飼育は難しくないが、驚くと吻端をぶつけて傷を負い、そこから病気に感染することも多い。**水温**：22～27℃　**水質**：弱酸性～中性　**水槽**：45㎝～

ヤバシ産♂

プロカトーパス・アベランス　*Procatopus aberrans*　多年生

全長：6㎝　**分布**：カメルーン　プロカトーパス属の中ではもっとも古くから知られ、グラキリスの名で呼ばれることも多い。主にヨーロッパからブリード個体が入荷している。やや細身で、全身が金属的光沢をもった透明感のある青色に染まる。各ひれは状態によって赤みがかり、細かいスポットが入る。飼育にはやや新しめの水が適している。人工飼料から生き餌まで何でもよく食べる。**水温**：22～27℃　**水質**：弱酸性～中性　**水槽**：30㎝～

カダヤシ目 Cyprinodontiformes　カダヤシ科 Poeciliidae

プラタプロキルス・ロエメンシス　*Plataplochilus loemensis*　多年生

全長：6㎝　**分布**：ガボン　プラタプロキルス属 *Plataplochilus* の魚ではもっとも体高があり、体の中から滲み出したような濃い青色の体色をもつ。愛好家の間では人気が高いが、入荷量は少ない。飼育は難しくなく、やや新しめの水を用意し、水の汚れに注意すれば、繁殖まで楽しむことができる。**水温**：22～27℃　**水質**：弱酸性～中性　**水槽**：45㎝～

プラタプロキルス・ミムス　*Plataplochilus mimus*　多年生

全長：5㎝　**分布**：ガボン　オスの体側は粉をふいたような金属的光沢のある青色で覆われる。尻びれの基底部と尾びれに赤い色彩が入るのが特徴である。各ひれが黄色く染まることから、イエローフィン・ランプアイ（Yellowfin lampeye）の英名をもつ。尾びれの上方だけが伸長するのは本種だけではなく、プラタプロキルス属の魚に多く見られる特徴である。まれに現地採集魚が入荷する。飼育に関してはガエンシス（→ P.29）に準ず る。**水温**：22～27℃　**水質**：弱酸性～中性　**水槽**：45㎝～

カダヤシ目 Cyprinodontiformes　カダヤシ科 Poeciliidae

プラタプロキルス・ガエンシス　*Plataplochilus ngaensis*　多年生

全長：5㎝　**分布**：ガボン　透明感のある体に金属的光沢をもつ青色のラインが入る美しい種類。*Plataplochilus chalchopyrus* の名で輸入されていたこともあるが、この名は本種のシノニムとされている。明らかに体色の異なる魚が同じ *P.ngaensis* と呼ばれているが、別種なのか地域変異なのか、まだ定かではない。ヨーロッパブリードの個体がまれに入荷する。飼育にはやや流れのある環境と新しめの水が適している。餌は人工飼料から生き餌まで何でも食べる。**水温**：22～27℃　**水質**：弱酸性～中性　**水槽**：45㎝～

別タイプ♂

プラタプロキルス・カビンダエ　*Plataplochilus cabindae*　多年生

全長：5㎝　**分布**：ガボン　ガエンシスに体形や色彩が似ているが、青の色彩の入りかたが違う。状態によっては尾柄部近くに黒い色彩が現れる。入荷量は非常に少ない。飼育に関してはガエンシスと同様である。**水温**：22～27℃　**水質**：弱酸性～中性　**水槽**：45㎝～

カダヤシ目 Cyprinodontiformes　カダヤシ科 Poeciliidae

プラタプロキルス属の一種　*Plataplochilus* sp.　多年生

全長：5cm **分布**：ガボン　オスの体側は金属的光沢のある青緑色に輝き、非常に美しい。プラタプロキルス属の中でもその輝きは際立つ魚である。尾びれは本属の他種同様に上部だけがやや伸長する。飼育自体は難しくないが、驚いた際などに水槽の壁面に吻端をぶつけ傷付きやすいので注意が必要。餌の選り好みはなく人工飼料もよく食べる。**水温**：22～27℃ **水質**：弱酸性～中性 **水槽**：45cm～

ヒプソパンチャックス・モデスタス　*Hypsopanchax modestus*　多年生

全長：6cm **分布**：コンゴ民主共和国(旧ザイール)、ウガンダ　やや高めの体高をもち、体側の網目状の鱗が目立つ。各ひれは赤く染まる。色彩的にはやや地味な印象を受けるが、独特の体形など、他のランプアイの仲間にはない魅力に溢れた種類である。ヒプソパンチャックス属 *Hypsopanchax* の魚は入荷することが少ないが、本種も含め個性的な種が多く知られている。性質はやや臆病で物陰に隠れていることが多い。飼育は難しくないが、繁殖はやや難しい。**水温**：22～27℃ **水質**：弱酸性 **水槽**：45cm～

カダヤシ目 Cyprinodontiformes　カダヤシ科 Poeciliidae

アフリカン・ランプアイ　*Poropanchax normani*　多年生

全長：6㎝　**分布**：コンゴ民主共和国（旧ザイール）、ウガンダ　単に"ランプアイ"と呼ばれることも多く、この仲間の代表ともいえる。ランプアイの名は眼の上部が美しい青色に輝くことに由来する。東南アジアで盛んに養殖され、毎週のようにコンスタントに入荷している。価格も安価なことから、10匹単位で入手し、群れを作らせて飼育すると、その魅力がより一層引き立つ。アルビノ品種も輸入されている。飼育は容易で、特に水質を調整しなくても飼育は可能だが、新しめの水を好む。餌は人工飼料から生き餌まで何でも食べる。繁殖も容易で、雌雄を飼育していれば水草の茂みなどに産卵する。**水温**：23～28℃　**水質**：弱酸性～中性　**水槽**：30㎝～

アルビノ品種

ポロパンチャックス・スティグマトピグス　*Poropanchax stigmatopygus*　多年生

全長：3㎝　**分布**：カメルーン、ガボン、ギニア　ポロパンチャックス・ルクソフタルムス（→P.30）に似た体色をしており、以前はそのクリビ（Kribi）産の地域変異として輸入されていた。一番の特徴は総排泄口近くにある小さな黒いスポットである。この特徴で同属の他種とも容易に区別できる。"ミクロパンチャックス・スティグマトピグス"の名称で商業的に輸入されることもある。飼育・繁殖に関してはアフリカン・ランプアイに準ずる。**水温**：23～28℃　**水質**：弱酸性～中性　**水槽**：30㎝～

カダヤシ目 Cyprinodontiformes　カダヤシ科 Poeciliidae

ナイジェリア南部イシオクポ (Isiokpo) 産♂

ポロパンチャックス・ルクソフタルムス　*Poropanchax luxophthalmus*　多年生

全長：4㎝　**分布**：ナイジェリア　アフリカン・ランプアイ（→P.29）によく似るが、本種は体側に青色のラインが入り、よりゴージャスな雰囲気がある。以前はワイルド個体やヨーロッパブリードの個体がまれに入荷する程度であったが、現在では東南アジアブリードの個体がコンスタントに入荷し、入手は容易になっている。アプロケイリクティス・マクロフタルムス *Aplocheilichthys macrophthalmus* の名で親しまれてきたが、現在では属名・種小名ともに変更されている。色彩の異なる地域変異

サウストーゴ (South Torgo) 産♂

も数多い。飼育・繁殖はアフリカン・ランプアイに準ずる。**水温**：23～28℃　**水質**：弱酸性～中性　**水槽**：30㎝～

ポロパンチャックス・マイアシィ　*Poropanchax myersi*　多年生

全長：2.5㎝　**分布**：コンゴ民主共和国（旧ザイール）マイアシィ（→P.31）に近縁な種で、よく似ているが、本種のほうが体側の青色が濃く、各ひれがオレンジ色に色づくので、判別は容易。入荷量は非常に少ない。繊細な面があり、飼育・繁殖はやや難しい。餌は生きたブラインシュリンプが適しており、ひれの美しい色彩を維持するのにも効果的である。**水温**：22～27℃　**水質**：弱酸性～中性　**水槽**：30㎝～

カダヤシ目 Cyprinodontiformes　カダヤシ科 Poeciliidae

ポロパンチャックス・ブリシャールディ *Poropanchax brichardi* 多年生

全長：2.5㎝　**分布**：コンゴ民主共和国（旧ザイール）　ランプアイの仲間としては小型で、体側の青色とひれの黄色のコントラストが美しい。背びれと尻びれは伸長し、独特の形態となる。近年コンゴパンチャックス属 *Congopanchax* からポロパンチャックス属 *Poropanchax* へ移されたが、愛好家の間では慣れ親しんだ"コンゴパンチャックス"で呼ばれることが多い。まれにヨーロッパルートで入荷することがあるが、数は少なく入手はやや難しい。飼育は難しくないが、小型なことから単独種飼育が望ましい。餌は人工飼料を細かくしたものやブラインシュリンプを好む。**水温**：22～27℃　**水質**：弱酸性～中性　**水槽**：30㎝～

ミクロパンチャックス・スケーリ *Micropanchax scheeli* 多年生

全長：3.5㎝　**分布**：カメルーン　以前はアプロケイリクティス属 *Aplocheilichthys* に属していたが、現在はミクロパンチャックス属 *Micropanchax* とされている。かつてアプロケイリクティス属とされた魚は分類の見直しが行われ、多くが別属へと移されている。本種の特徴は長く伸長する腹びれで、成熟した個体では尾びれまで届くほどである。尾びれ、尻びれ、背びれには細かい暗色の斑紋が入る。まれにワイルド個体が入荷していたが、近年入荷量は少ない。飼育はアフリカン・ランプアイ（→ P.29）に準ずる。**水温**：22～27℃　**水質**：弱酸性～中性　**水槽**：30㎝～

カダヤシ目 Cyprinodontiformes　カダヤシ科 Poeciliidae

ラクストリコラ・ブコバヌス　*Lacustricola bukobanus*　多年生

全長：4cm　**分布**：ウガンダ、タンザニア、ケニア、コンゴ民主共和国（旧ザイール）　丸みをおびた体形と、金属的光沢をもつ緑色がかった体色が特徴である。ビクトリア湖とその周辺の河川に生息し、生息場所により色彩変異が知られている。飼育・繁殖はやや難しい。流通量も少なく、入手は難しい。**水温**：22〜28℃　**水質**：弱酸性〜中性　**水槽**：30cm〜

ラクストリコラ・カタンガエ　*Lacustricola katangae*　多年生

全長：4.5cm　**分布**：南アフリカ　体側中央部がやや黒くなるのが特徴で、ブラックストライプ・ランプアイ（Blackstripe lampeye）の英名をもつ。まれにヨーロッパルートで入荷することがあるので、入手は可能である。飼育は難しくなく、中性前後の水質を好む。ランプアイの仲間は水質の汚染を嫌うので、少量の水換えを頻繁に行うことが、飼育のコツである。**水温**：22〜28℃　**水質**：中性〜弱アルカリ性　**水槽**：30cm〜

カダヤシ目 Cyprinodontiformes　カダヤシ科 Poeciliidae

"レッドタイプ"♂

ラクストリコラ・カセンジエンシス　*Lacustricola kassenjiensis*　多年生

全長：3.5㎝　**分布**：ザイール、ウガンダ　やや丸みをおびた体形をもち、色彩はランプアイの仲間の中では地味なほうである。ひれの色彩が黄色から赤みをおびた"レッドタイプ"と、ひれの縁が黒く染まる"ブラックタイプ"が知られているが、これは地域変異ではなく、同じ親から産まれた子供で両方の表現が現れる。水質の汚染には敏感で、飼育・繁殖はやや難しい。**水温**：22〜28℃　**水質**：中性〜弱アルカリ性　**水槽**：30㎝〜

"ブラックタイプ"♂

ラクストリコラ・マクラートゥス　*Lacustricola maculatus*　多年生

全長：4㎝　**分布**：タンザニア，ケニア　丸みをおびた体形とやや小さめのひれが特徴である。繁殖させると、黄色みの強い個体と赤みの強い個体の2タイプが現れることが知られている。飼育は難しくないが、繁殖はやや難しい。一般的な観賞魚ルートに乗ることがないため、入荷量は非常に少なく、熱帯魚店で見かける機会はほとんどない。プライベートルートでの入手に頼るしかないだろう。**水温**：22〜28℃　**水質**：中性〜弱アルカリ性　**水槽**：30㎝〜

カダヤシ目 Cyprinodontiformes　カダヤシ科 Poeciliidae

ラクストリコラ・ミアポサエ　*Lacustricola myaposae*　多年生

全長：6㎝　**分布**：南アフリカ　ランプアイの仲間としてはやや大型になる。闘争時や発情時のオスはひれが黒みを増し独特の色彩を見せる。飼育・繁殖は難しくないが、観賞魚市場に流通することは少なく、入手は難しい。写真の個体は、南アフリカ北東部クワズール・ナタール州の Kosi Bay 産である。**水温**：20～28℃　**水質**：中性～弱アルカリ性　**水槽**：45㎝～

タンガニイカ・ランプアイ　*Lacustricola pumilus*　多年生

全長：5㎝　**分布**：タンガニイカ湖　体側は金属的光沢のある美しい青色に染まり、ひれは黄色く色づく。ランプアイの仲間としては、比較的古くから観賞魚として親しまれてきた。コンスタントではないが、ブリード個体がまれに入荷するので、入手は難しくない。飼育は容易。繁殖の際にはサンゴ砂を使用すると好結果が得られる。**水温**：22～28℃　**水質**：中性～弱アルカリ性　**水槽**：30㎝～

カダヤシ目 Cyprinodontiformes　カダヤシ科 Poeciliidae

レキシパンチャックス・カバエ　*Rhexipanchax kabae*　多年生

全長：3.5㎝　**分布**：ギニア　マモウ（Mamou）川水系のカバ（Kaba）川に生息することからその種小名が付けられている。やや体高のある体形が特徴で、体側は粉をふいたような青色に染まる。数年前にドイツルートで入荷したが、見かける機会は少ない。飼育は難しくなく、やや新しめの水を好む。**水温**：22〜28℃　**水質**：中性〜弱アルカリ性　**水槽**：30㎝〜

レキシパンチャックス・ニンバエンシス　*Rhexipanchax nimbaensis*　多年生

全長：5㎝　**分布**：リベリア　体側は金属的光沢のある美しい青色に染まり、ひれは黄色く色づく。ランプアイの仲間の中ではもっとも体高があり、背中も丸みをおびている。体側は金属的光沢のある青色に染まり美しい。まれにヨーロッパルートで入荷する。水槽内を活発に泳ぐ。雌雄で飼育していれば、水草の茂みなどに産卵する。卵は大きく、稚魚の育成も容易である。**水温**：22〜28℃　**水質**：中性〜弱アルカリ性　**水槽**：45㎝〜

カダヤシ目 Cyprinodontiformes　カダヤシ科 Poeciliidae

レキシパンチャックス・ランベルティ *Rhexipanchax lamberti* 多年生

全長：5cm　**分布**：ギニア　ややずんぐりとした体形が特徴で、体側は紫がかった青色に染まる。まれにヨーロッパルートで入荷する。丈夫で飼育も容易である。水質は中性前後を好むが、日本の水道水なら調整なしで飼育できるだろう。雌雄を飼育していれば、繁殖も容易に楽しむことができる。**水温**：22〜28℃　**水質**：中性〜弱アルカリ性　**水槽**：45cm〜

ランプリクティス・タンガニカヌス *Lamprichthys tanganicanus* 多年生

全長：15cm　**分布**：タンガニイカ湖　メダカというよりも、トウゴロウイワシ目のレインボーフィッシュの仲間のような印象の魚である。オスの体側には金属的光沢をもった青色の斑紋がライン状に入り、ひれは黄色に染まる。大型になることから、相応の水槽が必要となる。飼育数が少ない場合、メスがオスに追われて弱ってしまうこともあるので注意。飼育には弱アルカリ性の硬水が適している。産卵は岩の隙間などで行われるが、そうした場所がない場合は砂利の中にも産む。卵は大きく、孵化した稚魚も大きく育てやすいが、雌雄の偏りが大きい場合がある。**水温**：22〜28℃　**水質**：弱アルカリ性　**水槽**：60cm〜

カダヤシ目 Cyprinodontiformes　カダヤシ科 Poeciliidae

"アプロケイリクティス TZ 93/26" Procatopodinae sp. "TZ 93/26" 多年生

全長：5 cm　**分布**：タンザニア
Aplocheilichthys sp. "TZ 93/26" のインボイスネームで輸入された魚で、現在では他の属に置くのが適当かもしれないが、同定に至るデータに乏しく、ここでは輸入当時の名で扱った。飼育にはやや新しめの水が適しているが、難しくない。**水温**：22〜28℃　**水質**：中性〜弱アルカリ性　**水槽**：45cm〜

アプロケイリクティス・スピローチェン *Aplocheilichthys spilauchen* 多年生

全長：6.5cm　**分布**：リベリア、アンゴラ、ガンビア　ランプアイの仲間の中では最大になる種で、成長した個体は非常に見応えがある。体側に細かい横縞が入ることから、バンデッド・ランプアイ（Banded lampeye）の英名をもつ。汽水域にまで生息することが知られ、水質に対する順応力は高い。ワイルド個体が入荷することも多く、入手は比較的容易である。飼育・繁殖は容易で、餌は人工飼料から生き餌まで何でもよく食べる。**水温**：22〜28℃　**水質**：中性〜弱アルカリ性　**水槽**：45cm〜

カダヤシ目 Cyprinodontiformes　ノソブランキウス科 Nothobranchiidae

フンデュロパンチャックス・ガードネリィ *Fundulopanchax gardneri* 多年生

全長：6㎝　**分布**：ナイジェリア、カメルーン　赤、青、黄の派手な原色で全身が飾られた美しい魚で、古くから"アフィオセミオン・ガードネリィ"の名で親しまれてきた。本種は、*F. gardneri gardneri*、*F. gardneri lacustris*、*F. gardneri mamfensis*、*F. gardneri nigerianum* の4つの亜種に分けられている。それぞれの亜種に体色の異なる地域変異が知られており、それらは産地名やロケーションナンバーを付けて呼ばれる。また"アルビノ"や"ゴールド"などの改良品種も作出されており、バラエティに富んでいる。どのタイプも飼育は非常に容易で、この仲間の飼育入門魚的存在である。繁殖も容易で殖え過ぎて困ることもあるほどだ。産卵された卵は2週間ほどで孵化する。　**水温**：20〜25℃　**水質**：弱酸性　**水槽**：30㎝〜

① "バウスク"というロケーション名の個体♂
② "アクーラ・イエロー（Akure Yellow）"♂
③ "ジョスプラトー（Jos Plateau）"♂
④ "ディアング（Diang）"♂
⑤ "ラフィア（Lafia）"♂

カダヤシ目 Cyprinodontiformes　ノソブランキウス科 Nothobranchiidae

⑥ "ミサジ・ゴールド (Misaje Gold)" ♂
⑦ "マクーディ (Makurdi)" ♂
⑧ "P-82" ♂
⑨ "スッカ (Nsukka)" ♂
⑩ "スッカ・ゴールド (Nsukka Gold)" ♂
⑪ "アクーラ・アルビノ (Akure Albino)" ♂
⑫ "ミサジ・アルビノ (Misaje Albino)" ♂

39

カダヤシ目 Cyprinodontiformes　ノソブランキウス科 Nothobranchiidae

フンデュロパンチャックス・フィラメントサス *Fundulopanchax filamentosus* 〔1年生〕

全長：5㎝　**分布**：トーゴ、ベニン、ナイジェリア　"アフィオセミオン・フィラメントスム"の名で古くから親しまれてきた。ややずんぐりとした体形をしており、金属的光沢をもつ青色の体色が美しい。成長したオスの尻びれの前方の軟条はフィラメント状に伸長する。また尾びれの上下も伸長し、美しいライアーテールとなる。飼育・繁殖は非常に容易で、フンデュロパンチャックス属 *Fundulopanchax* の飼育入門魚的存在といえる。年魚で、卵は休眠期間を経た後に水に浸けると孵化する。卵はピートモスに産ませるとよい。休眠期間は1～2ヶ月である。**水温**：20～25℃　**水質**：弱酸性　**水槽**：30㎝～

フンデュロパンチャックス・スプレンバージ *Fundulopanchax spoorenbergi* 〔1年生〕

全長：7㎝　**分布**：ナイジェリア　やや細身の体形をしており、体側後半は金属的光沢のある緑色に赤色という非常に派手な色彩で飾られる。尾びれの上下には黄色の縁取りが入る。"アフィオセミオン・スプレンバージ"の名で呼ばれることが多い。飼育は弱酸性の軟水を用意すれば難しくない。産卵は主に水底で行われることが多い。卵の孵化日数はこの仲間としてはやや長く、12～22日を要する。**水温**：20～25℃　**水質**：弱酸性　**水槽**：30㎝～

カダヤシ目 Cyprinodontiformes　ノソブランキウス科 Nothobranchiidae

ブルーグラリス　*Fundulopanchax sjostedti*　[1年生]

全長：12cm　**分布**：ナイジェリア、カメルーン、ガーナ　本種もかつてはアフィオセミオン属 *Aphyosemion* に分類されていた。この仲間では最大になり、楽に10cmを超える。成長したオスの尾びれは中央部と上下が伸長し、フォーク状となり、色彩も色分けされ非常に美しい。体色の異なる地域変異も知られており、それらはロケーションナンバーで区別される。飼育は難しくないが、成長すると大型になることから、最低でも45cm水槽、できれば60cm水槽での飼育が望ましい。卵はピートモスなどに産卵させ、2ヶ月ほど休眠させる。**水温**：20〜25℃　**水質**：弱酸性　**水槽**：45cm〜

フンドュロパンチャックス・キナモメウム　*Fundulopanchax cinnamomeum*　[1年生]

全長：6cm　**分布**：カメルーン　"アフィオセミオン・キナモメウム"の名で流通していることのほうが多く、古くから親しまれてきた観賞魚である。尾びれを縁取るように幅広く入る黄色のパターンが独特で、本種の特徴となっている。渋めの体の色彩も個性的である。飼育・繁殖は容易なので、初心者にも適している。卵は2週間前後で孵化する。**水温**：20〜25℃　**水質**：弱酸性　**水槽**：30cm〜

カダヤシ目 Cyprinodontiformes　ノソブランキウス科 Nothobranchiidae

カロパンチャックス・オクキデンタリス *Callopanchax occidentalis* 〔1年生〕

全長：8㎝　**分布**：シェラレオネ、リベリア

かつてはロロフィア属 *Roloffia* やアフィオセミオン属 *Aphyosemion* に置かれていたが、現在はカロパンチャックス属 *Callopanchax* に移されている。やや大型になる魚で、ごつい印象を受ける。黄色をベースに赤、青が複雑に混ざり合った独特の色彩を見せる。ブルーグラリス（→P.41）などと同様に年魚で、雨期と乾期のある場所に生息し、卵は休眠する。飼育・繁殖はやや難しい、卵の休眠期間は約3ヶ月。**水温**：20〜25℃　**水質**：弱酸性　**水槽**：30㎝〜

スクリプタフィオセミオン・グィグナルディ *Scriptaphyosemion guignardi* 〔多年生〕

全長：6㎝　**分布**：ギニア、セネガル、マリ、ブルキナファソ

細身の体形と濃い緑色の体色が特徴の種である。以前はロロフィア属やアフィオセミオン属に置かれていたが、ロロフィア属とされていた種の多くとともにスクリプタフィオセミオン属 *Scriptaphyosemion* へと移された。飼育は比較的容易で、弱酸性の軟水を好む。繁殖も難しくない。産卵された卵は2週間前後で孵化する。**水温**：20〜25℃　**水質**：弱酸性　**水槽**：30㎝〜

カダヤシ目 Cyprinodontiformes　ノソブランキウス科 Nothobranchiidae

アフィオセミオン・キアノスティクトゥム *Aphyosemion cyanostictum* 多年生

全長：3.5cm　**分布**：ガボン　赤みをおびた体やひれに無数の青色のスポットが散りばめられた姿は非常に美しい。本種とアバキヌム、ゲオルギアエ(→P.44)、フルゲンス *A.fulgens* は、大きさや形態などの特徴がアフィオセミオン属と異なることから、ディアプテロン属 *Diapteron* に置かれていた時期がある。いまでも愛好家の間では、"ディアプテロン"のほうが通りがよいため、その名が使われる場合が多い。飼育・繁殖はやや難しく、水温を低めに保ったほうがよい。**水温**：18～23℃　**水質**：弱酸性　**水槽**：30cm～

アフィオセミオン・アバキヌム *Aphyosemion abacinum* 多年生

全長：3.5cm　**分布**：ガボン、コンゴ共和国　"ディアプテロン"の仲間で、体形はキアノスティクトゥムとほぼ同じだが、体側やひれの色彩や模様のパターンが異なっている。本種では体側もひれもライン状の模様となる。ピートモスなどを使用して弱酸性の軟水に調整した水が適している。神経質なので、水草や流木などで隠れ場所を作り、やや暗めの環境にするとよい。飼育・繁殖は難しい。**水温**：18～23℃　**水質**：弱酸性　**水槽**：30cm～

カダヤシ目 Cyprinodontiformes　ノソブランキウス科 Nothobranchiidae

アフィオセミオン・ゲオルギアエ　*Aphyosemion georgiae*　多年生

全長：3.5㎝　**分布**：ガボン　キアノスティクトゥム（→P.43）に似ているが、尻びれと尾びれの下部に黄色やオレンジのラインが入るため容易に区別できる。本種を含む"ディアプテロン"と呼ばれるグループの魚は飼育・繁殖がアフリカ産卵生メダカの中では難しく、それゆえにマニアには好まれる傾向が強い。また寿命が長く、4〜5年も生きることが知られている。飼育の際には、水温の他、水質の急変にも注意したい。餌はブラインシュリンプなどの生き餌を好む。**水温**：18〜23℃　**水質**：弱酸性　**水槽**：30㎝〜

アフィオセミオン・エレガンス　*Aphyosemion elegans*　多年生

全長：5㎝　**分布**：コンゴ共和国　やや細身の体形をしており、成長したオスでは尾びれの上下は美しく伸長し、名前のようにエレガントな魚となる。いくつかの地域変異が知られており、よく流通しているのは"マディンバ（Madimba）"というロケーション名の個体群である。飼育・繁殖は中級レベル。**水温**：20〜25℃　**水質**：弱酸性　**水槽**：30㎝〜

"マディンバ"♂

カダヤシ目 Cyprinodontiformes　ノソブランキウス科 Nothobranchiidae

アフィオセミオン・レクトゴエンセ　*Aphyosemion rectogoense*　多年生

全長：5㎝　**分布**：ガボン　黄色と赤のコンビネーションが非常に美しく、やや細身の体形と伸長する各ひれのフォルムも見事である。美しい種類だが、流通量はあまり多くない。飼育は難しくないが、繁殖はやや難しい。**水温**：20～25℃　**水質**：弱酸性　**水槽**：30㎝～

アフィオセミオン・シオエズィ　*Aphyosemion schioetzi*　多年生

全長：5㎝　**分布**：コンゴ共和国　黄色のひれに細かく入る赤いスポット模様が美しい。体形はやや細身で、各ひれは伸長すると見事なフォルムとなる。"シャッツアイ"と呼ばれることもある。あまり流通量が多くない種類なので、入手の機会は少ないだろう。飼育・繁殖に関しては他の同属の魚に準ずる。**水温**：20～25℃　**水質**：弱酸性　**水槽**：30㎝～

カダヤシ目 Cyprinodontiformes　ノソブランキウス科 Nothobranchiidae

アフィオセミオン・ラムベルティ　*Aphyosemion lamberti*　多年生

全長：5㎝　**分布**：ガボン　状態のよいオスの体全体は金属的光沢のある青色が濃くなり、赤いスポットが非常によく映える。しかし、落ち着かない環境や水質では、色彩は褪めてしまい地味な印象の魚となってしまう。成魚では各ひれも伸長し、見事なフォルムとなる。数多くの地域変異が知られ、ロケーションナンバーで区別されている。**水温**：20～25℃　**水質**：弱酸性　**水槽**：30㎝～

アフィオセミオン・コグナトゥム　*Aphyosemion cognatum*　多年生

全長：5㎝　**分布**：コンゴ民主共和国（旧ザイール）　やや細身の体形をしており、成長したオスは各ひれが伸長して見事なフォルムとなる。多くの地域変異が知られており、それぞれが特徴ある体色を見せる。写真の個体は、以前は "*Aphyosemion* sp. Lake FWA" として知られていたもので、現在は本種の地域変異とされている。飼育・繁殖は中級レベルである。**水温**：20～25℃　**水質**：弱酸性　**水槽**：30㎝～

カダヤシ目 Cyprinodontiformes　ノソブランキウス科 Nothobranchiidae

アフィオセミオン・コンギカム　*Aphyosemion congicum*　多年生

全長：5㎝ **分布**：コンゴ民主共和国(旧ザイール)　黄色みの強い体色を有し、本属では異色の存在といえる。派手な色彩はないが、状態よく飼育することにより、独特の色彩を楽しむことができる。玄人好みの種類といえる。飼育・繁殖は上級レベルである。**水温**：20～25℃ **水質**：弱酸性 **水槽**：30㎝～

アフィオセミオン・クリスティ　*Aphyosemion christyi*　多年生

全長：5㎝ **分布**：中央アフリカ、コンゴ民主共和国(旧ザイール)　やや細身の体形に伸長した各ひれのフォルムが美しい。体色は生息場所により変異に富むが、金属的光沢のある青色を基調に、やや少なめに入る赤いスポットが特徴である。流通量はあまり多くなく、入手はやや難しいだろう。飼育は特に難しくはないが、繁殖はやや難しい。**水温**：20～25℃ **水質**：弱酸性 **水槽**：30㎝～

カダヤシ目 Cyprinodontiformes　ノソブランキウス科 Nothobranchiidae

アフィオセミオン・ビルデカンピィ　*Aphyosemion wildekampi*　多年生

全長：5㎝　**分布**：カメルーン
やや細身の体形をしており、体側には細い赤いラインが数本入る。平常時はやや地味な印象だが、状態のよい際には美しい色彩を見せてくれる。学名は卵生メダカの研究で著名なオランダのビルデカンプ氏（Rudolf Hans Wildkamp）の名前に由来している。"ワイルドカンピ"と呼ばれることも多い。**水温**：20～25℃　**水質**：弱酸性　**水槽**：30㎝～

アフィオセミオン・ビタエニアトゥム　*Aphyosemion bitaeniatum*　多年生

全長：5㎝　**分布**：ナイジェリア、ベニン、トーゴ　本種も学名に関しては見直しが行われ、以前は *A. bivittatum multicolor* が使われていたが、現在では *A. bitaeniatum* が使用されるようになっている。本種の他、*A. bivittatum*、*A. loennbergii*、*A. riggenbachi*、*A. splendopleure*、*A. poliaki*、*A. alpha*、*A. kouamense*、*A. lugens*、*A. melanogaster*、*A. punctulatum*、*A. volcanum* などは、クロマフィオセミオン属 *Chromaphyosemion* とされていたこともあるが、現在ではアフィオセミオン属の亜属（*Chromaphyosemion* 亜属）として扱われている。数多くの地域変異が知られているが、その中でも"Ijebu-Ode"や写真の"Lagos"と呼ばれるタイプが有名で古くから親しまれている。飼育・繁殖は容易で、入門魚にも適している。**水温**：22～28℃　**水質**：弱酸性　**水槽**：30㎝～

カダヤシ目 Cyprinodontiformes　ノソブランキウス科 Nothobranchiidae

アフィオセミオン・スプレンドプレウレ　*Aphyosemion splendopleure*　多年生

全長：5cm　**分布**：カメルーン　本種もクロマフィオセミオン亜属で、背びれや尾びれが発達するのが特徴であるが、ビタエニアトゥム（→P.48）ほどには背びれは大きくならない。色彩は金属的な光沢が強く、美しい。他種同様にいくつかの地域変異が知られている。写真の個体は、マンバンダ（Mambanda）産である。飼育・繁殖は容易である。**水温**：22～28℃　**水質**：弱酸性　**水槽**：30cm～

アフィオセミオン・ボルカヌム　*Aphyosemion volcanum*　多年生

全長：5cm　**分布**：カメルーン　背びれが大きく発達するクロマフィオセミオン亜属の魚だが、本種の背びれはやや小さめである。色彩は各色が複雑に混ざり合ったような美しさを見せる。色彩の異なる地域変異も多い。写真の個体はバンガ（Mbanga）産である。高水温を嫌う魚が多いアフィオセミオン属の中では、比較的高水温にも強く、飼育・繁殖は難しくない。**水温**：22～28℃　**水質**：弱酸性　**水槽**：30cm～

カダヤシ目 Cyprinodontiformes　ノソブランキウス科 Nothobranchiidae

アフィオセミオン・リゲンバキ　*Aphyosemion riggenbachi*　多年生

全長：7㎝　**分布**：カメルーン
大きく発達した背びれや尻びれが特徴で、クロマフィオセミオン亜属の魚である。やや大型になるのも特徴の1つといえる。この仲間はオス同士がひれを広げて行なうフィンスプレッディングの様子が非常に見応えがある。色彩には数多くの地域変異が知られ、採集場所の名前やロケーションナンバーで区別されている。飼育・繁殖はそう難しくない。**水温**：22～28℃　**水質**：弱酸性　**水槽**：30㎝～

ライアーテール　*Aphyosemion australe*　多年生

全長：5㎝　**分布**：ガボン，アンゴラ、カメルーン　アフィオセミオン属の中では観賞魚としてもっとも古くから親しまれてきた。成長したオスの尾びれの上下は伸長し、ライアー（竪琴）状になるため、その名がつけられている。鮮やかなオレンジ色の体色が美しい"ゴールデン・ライアーテール"と呼ばれる改良品種も作られており、こちらのほうが原種よりも見かける機会は多い。原種は"オーストラレ・ブラウン"や"チョコレート"などと呼ばれ、改良品種と区別されている。丈夫で飼育・繁殖も容易なことから、アフィオセミオン属の飼育入門魚としても適している。飼育はピートモスなどを使用して弱酸性に調整した水が適している。卵は水面の浮き草の根や水草の茂みなどに産みつけられ、2週間ほどで孵化する。**水温**：20～25℃　**水質**：弱酸性　**水槽**：30㎝～

"ゴールデン・ライアーテール"♂

カダヤシ目 Cyprinodontiformes　ノソブランキウス科 Nothobranchiidae

アフィオセミオン・ハーゾギィ　*Aphyosemion herzogi*　多年生

全長：5cm　**分布**：ガボン、ギニア、カメルーン　体色は滲み出るような黄色が強く、丸い尾びれに放射状に入る赤いラインが特徴である。体色やひれの色彩が異なる地域変異も知られている。派手な色彩をもたず、どちらかというと玄人受けする種類である。飼育・繁殖は中級レベル。**水温**：20〜25℃　**水質**：弱酸性　**水槽**：30cm〜

アフィオセミオン・ケリアエ　*Aphyosemion celiae*　多年生

全長：5cm　**分布**：カメルーン　尾びれを縁取るように入る黄色が特徴的。似たような色合いの魚が多いこの仲間でも、こうした色彩をもつ魚は他にフンデュロパンチャックス・キナモメウム（→P.41）ぐらいである。*A. celiae celiae* と *A. celiae winifredae* の2亜種に分けることもある。"セリエ"とも呼ばれる。飼育・繁殖は中級レベル。**水温**：20〜25℃　**水質**：弱酸性　**水槽**：30cm〜

別タイプ♂

カダヤシ目 Cyprinodontiformes　ノソブランキウス科 Nothobranchiidae

アフィオセミオン・マクラートゥム　*Aphyosemion maculatum*　多年生

全長：5 cm　**分布**：ガボン　平常時は比較的パッとしない色彩をしているが、水質など環境が合い、状態がよくなった際には、金属的光沢をもった色彩が非常に目立つ美しい魚へと変身を遂げる。上級種とされ、飼育・繁殖は難しい。本来の美しい色彩を見るためには、相応の飼育テクニックが必要とされる。飼育には弱酸性の軟水を保つ他、やや低めの水温を維持するのもコツである。**水温**：18～23℃　**水質**：弱酸性　**水槽**：30 cm～

"エエララ"というロケーション名の個体♂

"プマ（Pouma）"♂

アフィオセミオン・アモエナム　*Aphyosemion amoenum*　多年生

全長：5 cm　**分布**：カメルーン　幼魚や状態のよくない魚では地味な体色をしているが、環境が整い状態が上がった際には非常に派手な色彩を見せてくれる。金属的光沢のある青色と赤色、黄色のコンビネーションは誰の目にも美しく見えることだろう。飼育にはやや低めの水温と弱酸性の軟水といった環境が適している。飼育・繁殖は上級レベルである。**水温**：18～23℃　**水質**：弱酸性　**水槽**：30 cm～

カダヤシ目 Cyprinodontiformes　ノソブランキウス科 Nothobranchiidae

アフィオセミオン・ミンボン　*Aphyosemion mimbon*　多年生

全長：5cm **分布**：ガボン　アフィオセミオン属の魚の中でもとりわけ独特な体色を有し、特に尾びれの色彩パターンは類を見ない。水質などの条件が合わない時には、色彩は薄れて地味な印象となるが、状態がよい際には、金属的光沢感の強い美しい色彩を見せてくれる。飼育には20℃前後のやや低めの水温と弱酸性の軟水が適している。**水温**：18〜23℃ **水質**：弱酸性 **水槽**：30cm〜

アフィオセミオン・ラダイ　*Aphyosemion raddai*　多年生

全長：5cm **分布**：カメルーン　金属的光沢のある青色を基調にやや太めの赤いラインが体側をはしる。いかにもアフィオセミオン属の魚らしい色彩である。本属の魚全般にもいえることだが、飼育の際にはやや低めの水温が適しており、30℃近い高水温では調子を崩しやすいため、夏場には注意が必要。飼育・繁殖は中級レベルである。**水温**：20〜23℃ **水質**：弱酸性 **水槽**：30cm〜

カダヤシ目 Cyprinodontiformes　ノソブランキウス科 Nothobranchiidae

アフィオセミオン・ストリアトゥム　*Aphyosemion striatum*　多年生

全長：5cm　**分布**：ガボン　金属的光沢のある緑色の体側に細い赤い縦縞が走り、尾びれと尻びれ、腹びれには黄色の色彩が入る上品な色彩の魚である。"ストレイタム"の呼び名で古くから親しまれてきたポピュラー種で、流通量も多く、入手は容易である。飼育・繁殖は難しくないが、繁殖した子供の性比が偏る傾向があるので、育成の際の水質などには注意したい。**水温**：20～25℃　**水質**：弱酸性　**水槽**：30cm～

アフィオセミオン・ガブネンセ　*Aphyosemion gabunense*　多年生

全長：5cm　**分布**：ガボン　金属的光沢のある緑色の地色に整然と並ぶ赤いスポットが非常に美しい。以前は A. gabunense gabunense、A. gabunense boehmi、A. gabunense marginatum というように3亜種に分けられていたが、現在はそれぞれ独立した種へと格上げされた。飼育・繁殖は比較的容易なほうである。**水温**：20～25℃　**水質**：弱酸性　**水槽**：30cm～

カダヤシ目 Cyprinodontiformes　ノソブランキウス科 Nothobranchiidae

アフィオセミオン・ボエミィ　*Aphyosemion boehmi*　多年生

全長：5㎝　**分布**：ガボン　ガブネンセ（→P.54）に非常に近縁な種で、以前は亜種 *A. gabunense boehmi* とされていた。色彩も非常によく似ているが、本種では尾びれと尻びれに黄色が入るので判別は容易である。"ボーミィ"という呼び名で古くから親しまれてきた。飼育・繁殖は容易である。**水温**：20～25℃　**水質**：弱酸性　**水槽**：30㎝～

アフィオセミオン・コエレステ　*Aphyosemion coeleste*　多年生

全長：5㎝　**分布**：ガボン、コンゴ共和国
体側後半部が美しい空色に染まるのが特徴である。各ひれは黄色に染まり、特に胸びれの黄色がよく目立つ。体形はやや細身である。いくつかの地域変異が知られているが、"モナナ（Mounana）"と呼ばれるタイプが比較的古くから流通している。"セレスティ"と呼ばれることも多い。飼育はやや低めの水温と弱酸性の軟水が適している。**水温**：20℃前後　**水質**：弱酸性　**水槽**：30㎝～

"モナナ"♂

カダヤシ目 Cyprinodontiformes　ノソブランキウス科 Nothobranchiidae

アフィオセミオン・キトリネイピニス Aphyosemion citrineipinnis 多年生

全長：5㎝ **分布**：ガボン　えら蓋の後方に小さな臙脂色のスポットが入るのが特徴で、色彩はやや地味な印象である。このような種類は商業的にはあまり流通せず、愛好家間での取り引きだけとなっているのが現状である。"シトリニピニス"と呼ばれることもある。飼育・繁殖は上級レベルである。**水温**：20～25℃ **水質**：弱酸性 **水槽**：30㎝～

アフィオセミオン・ラバレイ Aphyosemion labarrei 多年生

全長：5㎝ **分布**：コンゴ民主共和国(旧ザイール)　がっちりした体形をしており、濃い青緑色の色彩を基調に赤のスポットが浮き出るように入る。独特の雰囲気をもった種類といえる。比較的古くから知られているが、流通量はあまり多くない。飼育には弱酸性の軟水が適している。繁殖もそう難しくない。**水温**：20～25℃ **水質**：弱酸性 **水槽**：30㎝～

カダヤシ目 Cyprinodontiformes　ノソブランキウス科 Nothobranchiidae

アフィオセミオン・ジョーゲンスケーリ　*Aphyosemion joergenscheeli*　多年生

全長：5cm　**分布**：ガボン　やや丸みをおびた体形と各ひれが特徴である。体色は青色を基調に赤い模様が入る、落ち着いた雰囲気である。状態が悪いと、色彩は薄れてしまい本種の魅力を楽しむことはできない。飼育にはやや低めの水温と弱酸性の軟水が適している。飼育・繁殖は上級レベルである。**水温**：20℃前後　**水質**：弱酸性　**水槽**：30cm～

アフィオセミオン・カウドファスキアトゥム　*Aphyosemion caudofasciatum*　多年生

全長：5cm　**分布**：コンゴ共和国　尾びれの基部近くに赤いラインが入るのが特徴で、それが学名の由来にもなっている。美しく人気の高い種類だが、流通量はあまり多くない。飼育・繁殖の難易度は上級レベルで、20℃前後の低めの水温とよくこなれた弱酸性の軟水での飼育が適している。**水温**：20℃前後　**水質**：弱酸性　**水槽**：30cm～

57

カダヤシ目 Cyprinodontiformes　ノソブランキウス科 Nothobranchiidae

アフィオセミオン・ロウエセンセ　*Aphyosemion louessense*　多年生

全長：5㎝　**分布**：コンゴ共和国
状態がよくないと冴えない色彩をしているが、水質やその他の条件が合った場合には美しい色彩を見せてくれる。種小名はルーセンスと発音されることもある。色彩にはいくつかの地域変異が知られ、ロケーションナンバーなどで区別されている。飼育・繁殖はやや難しい。やや低めの水温が適している。**水温**：20〜25℃　**水質**：弱酸性　**水槽**：30㎝〜

"ルテッテ" ♂

アフィオセミオン・オゴエンセ　*Aphyosemion ogoense*　多年生

全長：5㎝　**分布**：コンゴ共和国、ガボン　金属的光沢をもつ青色を基調とした体色に赤いライン状の模様が非常に映え、その派手な色彩から人気が高い。多くの地域変異が知られており、コードナンバーや採集場所の名前をつけて区別される。"ルテッテ（Lutete）" や "コモノイエロー（Komono Yellow）" などがよく知られている。学者によっては、本種を *A.ogoense ogoense*、*A.ogoense pyrophore*、*A.ogoense ottogartneri* の3亜種に分けることもある。飼育は難しくないが、繁殖にはや

"コモノイエロー" ♂

や手こずるようである。**水温**：20〜25℃　**水質**：弱酸性　**水槽**：30㎝〜

カダヤシ目 Cyprinodontiformes　ノソブランキウス科 Nothobranchiidae

"RPC18" ♂

"GHP80/23" ♂

アフィオセミオン・ピロフォレ　*Aphyosemion pyrophore*　多年生

全長：5㎝　**分布**：ガボン　鮮やかな青と赤の色彩がよく目立つ。オゴエンセ（→P.58）に近縁な種で、亜種とされることもある。数多くの色彩変異が知られ、採集場所の地名やロケーションナンバーで区別されている。種小名は"ピロフォー"とも発音される。飼育自体はそう難しくないが、繁殖の際にはやや低めの水温が適している。**水温**：18〜22℃　**水質**：弱酸性　**水槽**：30㎝〜

カダヤシ目 Cyprinodontiformes　ノソブランキウス科 Nothobranchiidae

アフィオセミオン・ジガイマ　*Aphyosemion zygaima*　多年生

全長：5㎝　**分布**：コンゴ共和国　ややがっちりした体形をしており、金属的光沢のある青色を基調に、赤い模様が複雑に入る。いくつかの地域変異が知られているが、写真のMoutessi産の個体群がもっともポピュラーなようである。飼育・繁殖の難易度は上級レベルである。**水温**：20～25℃　**水質**：弱酸性　**水槽**：30㎝～

アフィオセミオン属の一種"オヨ"　*Aphyosemion sp. "Oyo, RPC 91/8 "*　多年生

全長：5㎝　**分布**：コンゴ共和国　アフィオセミオン属は現在でも毎年のように新しい種類が発見され、その中には未だに学名が付いていないものも多い。本種もその1つで、採集場所の地名"Oyo"やロケーションナンバーである"RPC 91/8"と呼ばれている。黄色みの強い体色が特徴で、プロポーションも非常に美しい。飼育の際には弱酸性の軟水、やや低めの水温を保つとよいだろう。**水温**：20～25℃　**水質**：弱酸性　**水槽**：30㎝～

カダヤシ目 Cyprinodontiformes　　ノソブランキウス科 Nothobranchiidae

アフィオセミオン・ブアラヌム　*Aphyosemion bualanum*　多年生

全長：5㎝　**分布**：ナイジェリア、カメルーン、中央アフリカ　本種の学名はかなり変遷しており、当初は *A. bualanum* とされ、この名で愛好家にも親しまれていたが、やがて *A. elberti* のシノニムとされた。しかし、最近また *bualanum* の学名が使用されるようになった。これは分類の見直しや学者の見解によるものと思われるが、趣味の世界ではやや混乱を招いてしまう。鮮やかな色彩とフォルムの美しさから人気が高く、数多くの地域変異も見つかっている。その中でも"ツーイ（Ntui）"や"ドップ（Ndop）"と呼ばれるタイプは古くから親しまれている。飼育・繁殖の難易度は個体群により大きく異なるが、中～上級レベルといえるだろう。飼育の際はやや低めの水温を保つのがコツである。**水温**：20～23℃　**水質**：弱酸性　**水槽**：30㎝～

① "ツーイ（Ntui）" ♂
② "ドップ（Ndop）"
③ "ガウンデレ（Ngaoundere）" ♂
④ "GKC90/6" ♂
⑤ "GKC90/21" ♂

カダヤシ目 Cyprinodontiformes　アプロケイルス科 Aplocheilidae

"オレンジ" 上♂　下♀

"ブルー" ♂

アプロケイルス・パンチャックス　*Aplocheilus panchax*　多年生

全長：8 cm　**分布**：東南アジア全域　東南アジア産の卵生メダカではもっともポピュラーな観賞魚である。現地では汽水〜純淡水域まで幅広い環境に生息している。分布域も広いため、体色には"オレンジ""イエロー""ブルー"などと呼ばれる多くの色彩変異が知られている。水質に対する順応性も高く、飼育・繁殖は容易である。餌は何でも食べるが、水面に浮かぶタイプのものが適している。やや闘争性が強く、タイではベタと同様、オスを闘魚に使うこともある。**水温**：23〜30℃ **水質**：中性〜弱アルカリ性 **水槽**：30 cm〜

"イエロー" ♂

カダヤシ目 Cyprinodontiformes　アプロケイルス科 Aplocheilidae

アプロケイルス・リネアトゥス　*Aplocheilus lineatus*　多年生

全長：10㎝　**分布**：インド　アプロケイルス属 Aplocheilus の中ではもっとも大型になり、フルサイズに成長した個体は非常に見応えがある。大型個体は口も大きく、小型の魚は餌となってしまうので、混泳の際には注意が必要。水質にうるさくなく、飼育は容易である。古くから親しまれている観賞魚だが、やや気性の荒い性質が敬遠されているためか、近年の輸入量はそう多くはない。**水温**：25℃前後　**水質**：中性　**水槽**：45㎝〜

アプロケイルス・スマラグド　*Aplocheilus lineatus* var.　多年生

全長：8㎝　**分布**：改良品種　全身が黄緑色に輝く美しい魚である。リネアトゥスの改良品種といわれているが、原種に比べて性質も温和で、やや小型である。人気も高く、東南アジアより養殖魚がコンスタントに出荷されているので、難なく入手できる。水質に対する順応性も高く、飼育は容易。卵は水草の茂みなどに産みつけられ、繁殖も難しくない。**水温**：25℃前後　**水質**：中性　**水槽**：45㎝〜

63

カダヤシ目 Cyprinodontiformes　アプロケイルス科 Aplocheilidae

アプロケイルス・デイイ　*Aplocheilus dayi*　多年生

全長：8㎝　**分布**：スリランカ　全身が金属的光沢をもった多くの色彩に飾られていることから、"レインボー・パンチャックス"とも呼ばれる美しい種である。オスの体側部には黒い不規則なスポットが入る他、成長したオスでは尾びれの中央部がやや伸長する。生息地の違いによる変異なのか、体側に横縞が入る個体群も知られている。以前 *Aplocheilus werneri* が本種の亜種とされていたことがあり、どちらかの個体群が旧 *A.werneri* に当たるのかもしれない。**水温**：25℃前後　**水質**：中性　**水槽**：45㎝〜

カダヤシ目 Cyprinodontiformes　アプロケイルス科 Aplocheilidae

アプロケイルス・パルヴス　*Aplocheilus parvus*　多年生

全長：5cm　**分布**：インド、スリランカ　アプロケイルス属の中では小型である。全身に金属的光沢をもつ青色のスポットが入り美しい。性質は温和で、同サイズの魚との混泳も可能である。水面近くを好んで遊泳し、餌も水面に浮かんだものを好む。飼育は難しくなく、ペアを飼育していれば繁殖も容易である。
水温：25℃前後　**水質**：中性　**水槽**：30cm～

アプロケイルス・ブロッキー　*Aplocheilus blockii*　多年生

全長：5cm　**分布**：インド、パキスタン、スリランカ　アプロケイルス属の中ではパルヴスとともに小型。体側に入る青色のスポットが縦のライン状になることからパルヴスとの区別は容易である。色彩の異なるバラエティも紹介されている。美しく性質も温和なため、人気が高いが、入荷量はそう多くない。飼育は容易で、水質にもデリケートではない。浮上性の人工飼料などもよく食べる。**水温**：25℃前後　**水質**：中性～弱アルカリ性　**水槽**：30cm～

カダヤシ目 Cyprinodontiformes　アプロケイルス科 Aplocheilidae

パキパンチャックス・プレイフェイリー *Pachypanchax playfairii*　多年生

全長：7㎝　**分布**：セイシェル　パキパンチャックス属 *Pachypanchax* の魚はややずんぐりとした体形をしており、外見はアプロケイルス属の魚に近い印象を受ける。以前は本種とオマロノートゥスぐらいしか知られていなかったが、現在では8種が記載されている。成長したオスは深いオリーブイエローの体にオレンジ色のスポットが入り、背部の鱗が盛り上がったようになる。飼育・繁殖は容易である。**水温**：23〜27℃　**水質**：中性〜弱アルカリ性　**水槽**：30㎝〜

パキパンチャックス・オマロノートゥス *Pachypanchax omalonotus*　多年生

全長：8㎝　**分布**：マダガスカル　派手さはないが、落ち着いた美しさをもった魚である。色彩は非常にバラエティに富み、青みの強い個体、黄色みの強い個体が同じ親から産まれることが報告されている。輸入量が多くなく、それゆえにまだ観賞魚としての魅力が知られていないといえる。丈夫で飼育もしやすい魚であり、普及が望まれる。**水温**：23〜27℃　**水質**：中性〜弱アルカリ性　**水槽**：30㎝〜

黄色みの強い個体♂

カダヤシ目 Cyprinodontiformes　ノソブランキウス科 Nothobranchiidae

エピプラティス・ダゲッティ　*Epiplatys dageti*　多年生

全長：6cm　**分布**：リベリア　エピプラティス属 *Epiplatys* の中ではもっともポピュラーで、古くから親しまれている観賞魚。はっきりとした体側の縞模様が特徴で、発情したオスでは下顎のあたりが赤く染まる。ヨーロッパブリードの個体が輸入されるが、常に熱帯魚店で見られる魚ではない。高水温に対する順応性が比較的高く、飼育は容易。繁殖も難しくなく、卵は浮き草の根のあたりに産みつけられ、2週間ほどで孵化する。卵生メダカ飼育の入門魚にも適しているだろう。**水温**：25℃前後　**水質**：弱酸性〜中性　**水槽**：30cm〜

エピプラティス・ラモッティ　*Epiplatys lamottei*　多年生

全長：6cm　**分布**：ギニア、リベリア　淡い紫色をベースとした体に赤いスポットが整然と並び非常に美しい。エピプラティス属の魚はなぜか卵生メダカの中では人気が低い傾向にあるが、本種は昔から人気を維持している。飼育自体はそう難しくないが、繁殖はやや難しい。稚魚の成長が遅く、奇形も多いという報告がある。**水温**：20〜25℃　**水質**：弱酸性　**水槽**：30cm〜

カダヤシ目 Cyprinodontiformes　ノソブランキウス科 Nothobranchiidae

エピプラティス・セクスファスキアトゥス *Epiplatys sexfasciatus* 多年生

全長：8㎝　**分布**：カメルーン　種小名 *sexfasciatus* からもわかるように体側に6本の縞模様をもつが、魚の状態によってはそれが不鮮明になってしまう。数多くの色彩変異が知られており、愛好家の間ではそれらを採集地名やコードナンバーで区別している。飼育は容易だが、個体数が少ないとテリトリーを主張して闘争をする。個体数が多い状況では群泳する様子を観察できる。ぜひ繁殖させて楽しみたい魚だ。**水温**：25℃前後　**水質**：弱酸性　**水槽**：45㎝〜

シュードエピプラティス・アヌラートゥス *Pseudepiplatys annulatus* 多年生

全長：3.5㎝　**分布**：リベリア、シェラレオネ　体側の模様から"クラウンキリー（Clown killie＝道化師のようなメダカ）"、尾びれの模様から"ロケットキリー"と呼ばれることもある。小型でおとなしく、個性的な姿から非常に人気が高い。西アフリカからの採集魚の他、東南アジアからはブリード個体もコンスタントに輸入されている。常に水面近くを遊泳しており、餌は人工飼料を細かくしたものが適している。稚魚が小さいので繁殖はやや難しい。**水温**：25℃前後　**水質**：弱酸性　**水槽**：30㎝〜

カダヤシ目 Cyprinodontiformes　ノソブランキウス科 Nothobranchiidae

アダマス・フォーモサス　*Adamas formosus*　多年生

全長：3㎝　**分布**：コンゴ共和国、コンゴ民主共和国（旧ザイール）　1属1種の魚。青色を基調とした体に赤いスポットが入る小型種である。体色には地域変異があることが知られている。上から見ると頭部付近に銀色に輝くスポットがあることから、"スターキリー"の別名もある。入荷は少なく、入手はやや難しい。落ち着いた弱酸性の水での飼育が適しており、水草を多く繁茂させた自然繁殖の形で殖やすのがおすすめである。**水温**：22～25℃　**水質**：弱酸性　**水槽**：30㎝～

アフィオプラティス・ドュボイシィ　*Aphyoplatys duboisi*　多年生

全長：3.5㎝　**分布**：コンゴ共和国　アフリカ産の卵生メダカの中では、アダマス・フォーモサスと並んで小型の種である。属名 *Aphyoplatys* のとおり、アフィオセミオン属 *Aphyosemion* の魚とエピプラティス属 *Epiplatys* の魚の雰囲気を併せもつ。状態のよいオスは体側が金属的光沢をもった青色に染まり非常に美しい。まれに採集魚がヨーロッパルートで入荷する。弱酸性の軟水を用意すれば飼育は難しくないが、稚魚が小さいため繁殖は自然繁殖の形がよいだろう。**水温**：25℃前後　**水質**：弱酸性　**水槽**：30㎝～

カダヤシ目 Cyprinodontiformes　ノソブランキウス科 Nothobranchiidae

原種♂

"ゴールデン"♂　　"ピンク"♂

"ブルー"♂

ノソブランキウス・ギュンテリィ　*Nothobranchius guentheri*　1年生

全長：5cm　**分布**：タンザニア・ザンジバル島

ノソブランキウス属 *Nothobranchius* の中ではもっとも古くから知られ、親しまれてきた観賞魚。黄色をベースとした体に青と赤の模様が入り、尾びれは赤く染まる。黄色味の強い"ゴールデン"、青味の強い"ブルー"、淡い色合いの"ピンク"などの改良品種も作出されている。ブリード個体が流通しており、入手は難しくない。コショウ病予防のため、塩を濃度0.1〜0.3%加えた飼育水が適している。飼育・繁殖は容易。卵の休眠期間は約2ヶ月。**水温**：22〜27℃　**水質**：中性〜弱アルカリ性　**水槽**：40cm〜

カダヤシ目 Cyprinodontiformes　ノソブランキウス科 Nothobranchiidae

ノソブランキウス・フォーシィ　*Nothobranchius foerschi*　1年生

全長：5 cm　**分布**：タンザニア　ノソブランキウス属の中では古くから親しまれてきたポピュラー種である。体側は青い鱗が赤く縁取られ網目状の模様となっている。鮮やかな赤い尾びれも非常に美しい。商業ルートでの入荷も多く、国内でも繁殖されているため、入手は難しくない。水質への順応性が高く、飼育・繁殖は容易である。生き餌が適しているが、入手が難しい場合は、冷凍アカムシでも飼育できる。卵の休眠期間は2〜3ヶ月である。**水温**：22〜27℃　**水質**：中性〜弱アルカリ性　**水槽**：30cm〜

ノソブランキウス・パルムクヴィスティ　*Nothobranchius palmqvisti*　1年生

全長：5 cm　**分布**：ケニア，タンザニア　以前は種小名が *palmquisti* とされており、長い間この名前が使われていたが、スペルの間違いが訂正された。体側は金属的光沢のある青色に染まり、真っ赤な尾びれとの対比が美しい。飼育・繁殖は容易。古くから知られるノソブランキウス属の魚で、以前は流通量も多かったが、現在は見る機会が少ない。卵の休眠期間は約2ヶ月。**水温**：22〜27℃　**水質**：中性〜弱アルカリ性　**水槽**：30cm〜

カダヤシ目 Cyprinodontiformes　ノソブランキウス科 Nothobranchiidae

ノソブランキウス・パトリジー　*Nothobranchius patrizii*　1年生

全長：4㎝　**分布**：ケニア，ソマリア
大きめの背びれと尻びれをもち、これを広げてフィンスプレッディングする様子は見事である。体部は青味をおびており、真っ赤な尾びれとの対比も美しい。ノソブランキウス属の魚としては比較的古くから親しまれているポピュラー種である。尾びれから赤い色が抜けた"イエローテール"という改良品種も作られている。飼育は容易だが、孵化した稚魚が小さいので繁殖はやや難しい。卵の休眠期間は2〜3ヶ月。**水温**：22〜27℃　**水質**：中性〜弱アルカリ性　**水槽**：30㎝〜

"イエローテール" ♂

ノソブランキウス・ルブリピニス　*Nothobranchius rubripinnis*　1年生

全長：5㎝　**分布**：タンザニア　種小名の *rubripinnis* とは赤いひれを意味し、それが大きな特徴となっている。全体に赤みが強く、体側の青色との対比が美しい。採集場所のロケーションナンバー付きで呼ばれることが多く、国内に普及しているのは、"TZ83-05"という系統である。アルビノ品種も知られている。飼育・繁殖は比較的容易。卵の休眠期間は2〜4ヶ月。**水温**：22〜27℃　**水質**：中性〜弱アルカリ性　**水槽**：30㎝〜

カダヤシ目 Cyprinodontiformes　　ノソブランキウス科 Nothobranchiidae

ノソブランキウス・カーディナリス　*Nothobranchius cardinalis*　1年生

全長：5㎝　**分布**：タンザニア　2007年に新種記載される前は、"N.sp. aff. *rubripinis* KTZ85-28" の名で親しまれてきた。ルブリピニスに外見はよく似ているが、体色の赤味はより強い。特に頭部のあたりの赤の発色は見事である。国内ブリード個体も流通しており、入手は難しくない。卵の休眠期間は2〜3ヶ月だが、孵化した稚魚が小さいため繁殖には注意が必要。**水温**：22〜27℃　**水質**：中性〜弱アルカリ性　**水槽**：30㎝〜

ノソブランキウス・フラミコマンティス　*Nothobranchius flammicomantis*　1年生

全長：5㎝　**分布**：タンザニア　発見当初は "N.sp. Kisaki" という名で呼ばれていたが、1998年に新種記載された。全体に赤みの強い体色だが、幼魚は青っぽい印象である。大きな特徴はオレンジ色の尻びれの軟条で、成長した個体ではフィラメント状に伸長する。国内ブリード個体の他、輸入個体が流通することもあり、入手は難しくない。飼育・繁殖は中級レベル。卵の休眠期間は約2ヶ月。**水温**：22〜27℃　**水質**：中性〜弱アルカリ性　**水槽**：30㎝〜

カダヤシ目 Cyprinodontiformes　ノソブランキウス科 Nothobranchiidae

ルフィジ川産系統♂

ルホイ川産系統♂

ノソブランキウス・エッゲルシィ　*Nothobranchius eggersi*　1年生

全長：5㎝　**分布**：タンザニア　鮮やかなトマトレッドの色彩をもつルフィジ川（Rufiji River）産と、白っぽい金属的光沢をもった青色が美しいルホイ川（Ruhoi River）産の2タイプがよく知られている。体全体が金属的光沢のある青色の"オールブルー"という改良品種も作られている。その体色の美しさの他、胸びれの白い縁取りも特徴で、可愛らしい雰囲気となっている。最近はタイのバンコクでも養殖が行われており、入手は難しくない。飼育・繁殖は中級レベル。卵の休眠期間は2〜3ヶ月。**水温**：22〜27℃　**水質**：中性〜弱アルカリ性　**水槽**：30㎝〜

"オールブルー"♂

カダヤシ目 Cyprinodontiformes　ノソブランキウス科 Nothobranchiidae

"イエロータイプ"♂

ノソブランキウス・コルサウサエ　*Nothobranchius korthausae*　1年生

全長：5㎝　**分布**：タンザニア・マフィア島　全体に黄色みの強い印象の魚で、尾びれに入る縞模様が美しい。体形は同属他種と比べてやや細身である。全身の赤みが強い"レッドタイプ"も知られている。飼育は容易であるが、コショウ病に罹りやすいので注意。卵の休眠期間は通常見られる"イエロータイプ"では2〜3ヶ月だが、"レッドタイプ"では1ヶ月と早い。孵化した稚魚は性比が偏る傾向が強いとの報告がある。**水温**：22〜27℃　**水質**：中性〜弱アルカリ性　**水槽**：30㎝〜

"TAN02/5"♂

"レッドタイプ"♂

ノソブランキウス・ローレンスィ　*Nothobranchius lourensi*　1年生

全長：5㎝　**分布**：タンザニア　全体に青味が強く、ひれなどには臙脂色の模様が入る。種小名は本種の発見者であるJan Lourens博士にちなむ。餌は生き餌を好むが冷凍アカムシもよく食べる。卵の休眠期間は2〜3ヶ月である。**水温**：22〜27℃　**水質**：中性〜弱アルカリ性　**水槽**：30㎝〜

カダヤシ目 Cyprinodontiformes　ノソブランキウス科 Nothobranchiidae

ノソブランキウス・キロンベロエンシス *Nothobranchius kilomberoensis*　1年生

全長：5㎝　**分布**：タンザニア　以前は "N. sp. Ifakara TAN 95-4" や "N. sp. Kilombero" として知られていたが、2002年に新種として記載された。青色と赤色に飾られた体色は非常に美しく、背びれの青白色が特徴的である。飼育は中級レベルといったところ。繁殖も難しくないが、性比が偏る傾向があるとの報告もある。卵の休眠期間は約3ヶ月。**水温**：22～27℃　**水質**：中性～弱アルカリ性　**水槽**：30㎝～

ノソブランキウス・ハッソーニ *Nothobranchius hassoni*　1年生

全長：6㎝　**分布**：コンゴ民主共和国(旧ザイール)　ややがっちりした体型をもつ。尾びれと尻びれのオレンジと黄色の模様が特徴。体色は状態がよいとやや赤みが増し美しい。趣味の世界に導入されてまだそう長くないが、飼育・繁殖は難しくなく、最近ではヨーロッパから繁殖魚も一般ルートで輸入されている。国内の繁殖魚の中から、尾びれと尻びれのオレンジが黄色になった"イエロータイプ"が現れたとの報告もある。卵の休眠期間は約2ヶ月。**水温**：22～27℃　**水質**：中性～弱アルカリ性　**水槽**：30㎝～

カダヤシ目 Cyprinodontiformes　　ノソブランキウス科 Nothobranchiidae

ノソブランキウス・カフエンシス　*Nothobranchius kafuensis*　1年生

全長：5㎝　**分布**：ザンビア　オレンジ色と青色が混ざり合った美しい色彩もち、全体的な印象はラコビー（→ P.79）と似ている。採集場所により色彩の異なる地域変異も知られ、ロケーションナンバー付きで呼ばれる。国内で観賞魚として一般的なのは、写真のザンビア南部のカユニ（Kayuni State Farm）産である。美しく人気は高いが、飼育・繁殖はやや難しい。卵の休眠期間は約3ヶ月。卵のサイズはやや大きく、孵化した稚魚は同属の他種よりも成長が早いとの報告もある。**水温**：22～27℃　**水質**：中性～弱アルカリ性　**水槽**：30㎝～

ノソブランキウス・マライッセイ　*Nothobranchius malaissei*　1年生

全長：5㎝　**分布**：コンゴ民主共和国（旧ザイール）　全身が青色に染まる美しい種類で、尾びれにも細かい模様が入り、尻びれには黄色いラインが入る。全体に派手な印象である。比較的最近になって趣味界に導入され、まだ愛好家間で系統維持されているぐらいである。飼育・繁殖は特に難しくないようなので、今後は繁殖魚が入手しやすくなるだろう。卵の休眠期間は3～4ヶ月。**水温**：22～27℃　**水質**：中性～弱アルカリ性　**水槽**：30㎝～

カダヤシ目 Cyprinodontiformes　　ノソブランキウス科 Nothobranchiidae

ノソブランキウス・ヌバエンシス　*Nothobranchius nubaensis*　1年生

全長：5㎝　**分布**：スーダン　ノソブランキウス属の中ではもっとも北に分布している。やや丸みをおびた体形に、頭部のあたりが赤く染まり、尻びれも黄色く色づく。非常に派手な印象である。最近になって趣味界に導入されたが、すでに国内でもブリード個体が愛好家間で流通している。導入されたばかりの魚は飼育に手こずる傾向があるが、代を重ねるにつれて飼育しやすくなる。卵の休眠期間は約6ヶ月である。**水温**：22～27℃　**水質**：中性～弱アルカリ性　**水槽**：30㎝～

ノソブランキウス・シモエンシィ　*Nothobranchius symoensi*　1年生

全長：5㎝　**分布**：コンゴ民主共和国（旧ザイール）、ザンビア　やや丸みのある体形をしており、青みをおびた色彩にオレンジ色の不規則な縞模様が斜めに入る。各ひれの縁は青白い。比較的最近趣味界に導入され、まだあまり普及していないようである。個性的な美しさをもつことから愛好家に人気があり、今後の普及が待たれる。飼育・繁殖はやや難しい。卵の休眠期間は約3ヶ月。**水温**：22～27℃　**水質**：中性～弱アルカリ性　**水槽**：30㎝～

カダヤシ目 Cyprinodontiformes　ノソブランキウス科 Nothobranchiidae

ノソブランキウス・ラコビー　*Nothobranchius rachovii*　1年生

全長：5㎝　**分布**：モザンビーク、南アフリカ　ギュンテリィ（→P.70）と並んでノソブランキウス属ではポピュラーな観賞魚である。オレンジ色と青色の色彩は非常に美しい。数多くの地域変異が知られ、南アフリカのクルーガーナショナルパークで見つかった地域変異は黒みをおびた体色を有する。地域変異の他、飼育下で固定されたアクリウムストレインも多く、アルビノ品種も固定されている。飼育・繁殖は中級レベルである。卵の休眠期間は4〜6ヶ月。**水温**：22〜27℃　**水質**：中性〜弱アルカリ性　**水槽**：30㎝〜

カダヤシ目 Cyprinodontiformes　ノソブランキウス科 Nothobranchiidae

ノソブランキウス・ネウマニィ　*Nothobranchius neumanni*　1年生

全長：5㎝　**分布**：タンザニア　"N. sp. Mbeya"として知られていた魚である。青色に染まる体色、赤く染まる尾びれはノソブランキウス属魚類にありがちな色彩であるが、本種では尻びれに黄色い模様が入る点が特徴といえる。数多くの地域変異が知られるが、それぞれ尻びれの色彩パターンが大きく異なっている。"N. sp. Mgeta"として知られる魚もその1つと思われる。飼育・繁殖は難しく、あまり系統維持されていないようである。卵の休眠期間は約4ヶ月。**水温**：22〜27℃　**水質**：中性〜弱アルカリ性　**水槽**：30㎝〜

"N. sp. Mgeta" ♂

ノソブランキウス属の一種"ルブムバシィ"　*Nothobranchius* sp." Lubumbashi CI07 "　1年生

全長：6㎝　**分布**：コンゴ民主共和国（旧ザイール）　色彩的にはやや地味な印象を受けるが、状態がよいと写真よりもずっと綺麗になる。生息場所は同属の*N.polli*と同じLubumbashi近辺であり、*Nothobranchius* sp. aff. *polli*とされる場合もあるようだ。*N.polli*とは尻びれに黄色のラインが入らない点で区別できる。最近になって繁殖魚が商業ルートで入荷しており、入手も難しくない。卵の休眠期間は3〜4ヶ月と考えられる。**水温**：22〜27℃　**水質**：中性〜弱アルカリ性　**水槽**：30㎝〜

カダヤシ目 Cyprinodontiformes　ノソブランキウス科 Nothobranchiidae

ノソブランキウス・ウガンデンシス　*Nothobranchius ugandensis*　1年生

全長：6㎝　**分布**：ウガンダ，ケニア　ノソブランキウス属の中ではやや丸みをおびた体形をもち、やや大型になる。色彩は青味が強く、尾びれの色は赤が基本だが、それが黄色味をおびた地域変異もいる。"N. sp. UG88-2" とされていた魚（写真）も本種である。多くの地域変異が知られ、ロケーションナンバーで区別されている。飼育・繁殖は中級レベル。卵の休眠期間は2～3ヶ月。**水温**：22～27℃　**水質**：中性～弱アルカリ性　**水槽**：30㎝～

ノソブランキウス・キルキ　*Nothobranchius kirki*　1年生

全長：5㎝　**分布**：モザンビーク、マラウィ
　やや細身の体形をしており、赤というよりも朱色というべき体色が美しい。"カーカイ" や "カーキィ" などとも呼ばれるが、これは学名のカタカナ読みの発音違いで、本種だけでなく卵生メダカの多くでこうした例がみられる。古くから知られているが、累代飼育が難しいことから流通量は少なく、入手の機会はあまり多くない。飼育・繁殖は中級レベルである。卵の休眠期間は4～5ヶ月。**水温**：22～27℃　**水質**：中性～弱アルカリ性　**水槽**：30㎝～

"ベンガ（Benga）" ♂

カダヤシ目 Cyprinodontiformes　ノソブランキウス科 Nothobranchiidae

ノソブランキウス・ヴィルガトゥス　*Nothobranchius virgatus*　1年生

全長：5cm **分布**：スーダン　鮮やかな金属的光沢のある青色の体色に臙脂色の細い斜めのラインがはしり、尾びれのエッジには黒い模様が入る。今までに知られているノソブランキウス属の魚とはまったく異なる色彩パターンをもち、そのがっしりとした体形もあり、非常に存在感がある。魅力的な姿ゆえ、紹介された途端に人気となったが、飼育・繁殖は難しく、入手も難しい。卵の休眠期間は約6ヶ月である。**水温**：22～27℃ **水質**：中性～弱アルカリ性 **水槽**：30cm～

ノソブランキウス・フルゼリ　*Nothobranchius furzeri*　1年生

全長：6cm **分布**：ジンバブエ、モザンビーク　ノソブランキウス属の中ではやや大型になり、派手な体色をもつ種が多い同属の中では渋い色で飾られている。尾びれのレモン色の帯はよく目立つ。体形はやや細身である。種小名は発見者である Furzer 博士にちなんでいる。最近、体色の異なる地域変異も数多く報告されている。魅力的な魚であるが、飼育・繁殖はノソブランキウス属中ではもっとも難しい部類に入る。卵の休眠期間は約6ヶ月。**水温**：22～27℃ **水質**：中性～弱アルカリ性 **水槽**：30cm～

"MOZ 04-13" ♂

カダヤシ目 Cyprinodontiformes　ノソブランキウス科 Nothobranchiidae

ノソブランキウス・ジュビィ　*Nothobranchius jubbi*　1年生

全長：6㎝　**分布**：ケニア、ソマリア　体色は全体に青みが強く、尾びれまで青く染まるタイプを N.jubbi "Warfa Blue"、尾びれに赤いスポットが入るタイプを N. jubbi jubbi として区別している。"ジャビィ"と呼ばれることも多い。比較的古くから知られており、国内で繁殖された魚も流通しており、入手は難しくない。オスの闘争性がやや強い点に注意すれば、飼育・繁殖は難しくない。卵の休眠期間は約3ヶ月である。**水温**：22～27℃　**水質**：中性～弱アルカリ性　**水槽**：30㎝～

ノソブランキウス・ジャンパピィ　*Nothobranchius janpapi*　1年生

全長：3㎝　**分布**：タンザニア　ノソブランキウス属の中で、N.luekei などとともに Aphyobranchius 亜属に分類される小型種である。紫がかった淡い青色の体色に尻びれと背びれのオレンジ色がよく映える。派手さはないが、落ち着いた美しさをもった魚といえる。同属の他種が水槽内では底付近を泳ぐのに対し、本種は水面近くを生活の場としている。産卵も水面近くで行われ、卵は水底に落下する。飼育・繁殖は難しい。卵の休眠期間は2～4ヶ月である。**水温**：22～27℃　**水質**：弱酸性　**水槽**：30㎝～

カダヤシ目 Cyprinodontiformes　ノソブランキウス科 Nothobranchiidae

ノソブランキウス属の一種 "マラウィ" *Nothobranchius* sp. "Malawi"　1年生

全長：6㎝　**分布**：マラウイ　*Nothobranchius* sp. "U-10" や *Nothobranchius* sp. "Liwonde" といった名でも呼ばれている。ややスリムな体形をしている。ノソブランキウス属の魚としては一般的な、体側が青色で尾びれが赤色というカラーリングだが、尻びれの模様が独特である。飼育・繁殖は難しく、あまり系統維持されていないようだ。卵の休眠期間は長く、5～6ヶ月である。**水温**：22～27℃　**水質**：弱酸性　**水槽**：30㎝～

ノソブランキウス属の一種 "カプリヴィ" *Nothobranchius* sp. "Caprivi"　1年生

全長：5㎝　**分布**：ナミビア　ノソブランキウス属の魚としては珍しい地域に分布しており、淡い青色に入る暗色の模様も特徴的である。他とは違ったマニア好みといった色彩をしているので、これから普及していくものと思われる。コショウ病に罹りやすいが、飼育は特に難しくないようである。産卵数も多く、繁殖もさほど困難ではない。**水温**：22～27℃　**水質**：中性～弱アルカリ性　**水槽**：30㎝～

カダヤシ目 Cyprinodontiformes　ノソブランキウス科 Nothobranchiidae

プロノソブランキウス・キャウエンシス　*Pronothobranchius kiyawensis*　1年生

全長：4cm　**分布**：ガンビア、マリ、ニジェール、ナイジェリア、ブルキナファソ、チャド、カメルーン、ガーナ、トーゴ　以前はノソブランキウス属に置かれていたが、1983年にプロノソブランキウス属 *Pronothobranchius* へと移された。1属1種の魚である。広域に分布するが、体色に大きな地域差は見られないようだ。やや背部が盛り上がったような体形と、各ひれの色彩パターンが特徴。飼育はノソブランキウス属の魚と同様でよいだろう。繁殖はやや難しく、卵の休眠期間は3〜6ヶ月である。**水温**：20〜25℃　**水質**：中性〜弱アルカリ性　**水槽**：30cm〜

上♂　下♀

フンデュロソマ・ティエリィ　*Fundulosoma thierryi*　1年生

全長：3cm　**分布**：ガンビア、マリ、ニジェール、ブルキナファソ、ガーナ、トーゴ、セネガル　1属1種の魚。体形は丸みをおびてノソブランキウス属の魚にも似るが、上下が伸長する尾びれの形態が大きく異なる。古くから知られていた魚だが、あまり愛好家には注目されなかったようで、見かける機会が少ない。飼育は比較的容易で、ノソブランキウス属の魚に準ずる。体の割に大きな卵を産み、繁殖も難しくない。卵の休眠期間は2〜3ヶ月である。**水温**：20〜25℃　**水質**：弱酸性　**水槽**：30cm〜

カダヤシ目 Cyprinodontiformes　リヴルス科 Rivulidae

レプトレビアス・アウレオグッタートゥス *Leptolebias aureoguttatus* 1年生

全長：4㎝ **分布**：ブラジル　赤みを基調とした体色に金属的光沢のある青色のスポットが美しい。愛好家の間では人気が高いが、入荷量は少なく、入手は難しい。やや神経質な面があるので、飼育の際にはピートモスや水草などで隠れ場所を多く作るとよいだろう。卵の休眠期間は2～4ヶ月で、繁殖はやや難しい。**水温**：23～25℃ **水質**：弱酸性 **水槽**：30㎝～

ラコヴィア・ピロプンクタータ *Rachovia pyropunctata* 1年生

全長：6㎝ **分布**：ベネズエラ・マラカイボ湖周辺　マラカイボ湖（lago de Maracaibo）周辺に生息する、体形はやや寸胴。尾びれ下部に入る黄色のラインが特徴である。ラコヴィア属 *Rachovia* の中ではもっともよく知られる観賞魚だが、ラコヴィア属の魚はどれも入荷する機会が少なく、入手は難しい。飼育にはピートモスを使用した弱酸性の軟水が適している。餌は生き餌を好むが、冷凍赤虫でも十分飼育できる。卵の休眠期間は約4ヶ月である。**水温**：23～25℃ **水質**：弱酸性 **水槽**：30㎝～

カダヤシ目 Cyprinodontiformes　リヴルス科 Rivulidae

レノヴァ・オスカーイ　*Renova oscari*　1年生

全長：7㎝　**分布**：ベネズエラ・オリノコ川水系　1属1種の魚。やや細身の体形に赤色と緑色のラインが入るのが特徴である。また尾びれの下部には黄色のラインが入る。メスは尾柄部の上部に眼状斑を有する。魅力的な魚なのだが、本種も入荷量は少なく入手は難しい。飼育自体はそう難しくないが、繁殖は難しい。卵の休眠期間は約4ヶ月である。**水温**：23～25℃　**水質**：弱酸性　**水槽**：45㎝～

マラテオカラ・ラコルティ　*Marateocara lacortei*　1年生

全長：5㎝　**分布**：ブラジル　やや高めの体高をもち、背びれと尻びれ、尾びれが伸長する特徴的な体形が美しい。まれにヨーロッパからブリード個体が入荷するが、数は少ない。飼育自体は難しくないが、卵の休眠期間は約6ヶ月と長く、繁殖は難しい。マラテオカラ属 *Marateocara* は、他に *M.formosa*、*M.splendida* の2種も知られ、いずれも年魚である。**水温**：23～25℃　**水質**：弱酸性　**水槽**：30㎝～

カダヤシ目 Cyprinodontiformes　リヴルス科 Rivulidae

ピテューナ・コンパクタ　*Pituna compacta*　1年生

全長：6㎝　**分布**：ブラジル・トカンチンス川　やや寸胴な体形に黄色のスポットが入る。トカンチンス川（Río Tocantins）の中流域周辺に生息している。飼育は難しいという報告もあるが、そう困難ではない。だが、繁殖はやや難しく、卵の休眠期間は約5ヶ月である。ピテューナ属 *Pituna* には他に、*P. brevirostrata*、*P. obliquoseriata*、*P. poranga*、*P. schindleri*、*P. xinguensis* などが知られているが、その多くは近年記載されたばかりである。**水温**：20～25℃　**水質**：弱酸性　**水槽**：30㎝～

ネオフンデュルス・パラグアイエンシス　*Neofundulus paraguaiensis*　1年生

全長：7㎝　**分布**：パラグアイ川流域　寸胴な体形をしており、オスの淡い紫色を基調とした体色が美しい。尾びれは赤く縁取られる。胸びれ後方に入る暗色のスポットも特徴。たまにヨーロッパからブリード個体が輸入され、この仲間としては入荷量は多い。飼育は難しくないが、大食漢なので水質の悪化には注意したい。卵の休眠期間は2～3ヶ月である。ネオフンデュルス属 *Neofundulus* は他に、*N. acutirostratus*、*N. guaporensis*、*N. ornatipinnis*、*N. parvipinnis* が知られている。
水温：20～25℃　**水質**：弱酸性　**水槽**：30㎝～

カダヤシ目 Cyprinodontiformes　リヴルス科 Rivulidae

パピリオレビアス・ビターイ　*Papiliolebias bitteri*　1年生

全長：4cm **分布**：パラグアイ　以前はプレシオレビアス属 *Plesiolebias* に置かれていたが、新たにパピリオレビアス属 *Papiliolebias* に移された。ひれの青色がよく目立ち、体も金属的光沢のある色彩に染まる美しい魚である。以前にヨーロッパルートでまとまった入荷があったが、現在は商業的な輸入はなく、プライベートルートで輸入されているぐらいである。飼育にあたってはピートモスなどで弱酸性に調整した水を用意したい。卵の休眠期間は約3ヶ月である。**水温**：20〜25℃ **水質**：弱酸性 **水槽**：30cm〜

プレシオレビアス・アルアナ　*Plesiolebias aruana*　1年生

全長：3cm **分布**：ブラジル・アラグアイア川水系　アラグアイア川（Río Araguaia）水系に生息する小型種。体側に入る斜めの縞模様が特徴である。飼育はそう難しくないが、卵の休眠期間は約4ヶ月と長く、繁殖は難しい。プレシオレビアス属 *Plesiolebias* には本書で紹介した種の他に、*P. altamira*, *P. canabravensis*, *P. filamentosus*, *P. fragilis*, *P. lacerdai*, *P. xavantei* が知られている。いずれも小型種である。**水温**：20〜25℃ **水質**：弱酸性 **水槽**：30cm〜

89

カダヤシ目 Cyprinodontiformes　リヴルス科 Rivulidae

プレシオレビアス・グラウコプテルス　*Plesiolebias glaucopterus*　1年生

全長：3㎝　**分布**：ブラジル・パラグアイ川水系　体側は金属的光沢をもった緑色と臙脂色で飾られる。プレシオレビアス属は近年になって次々と新種が記載されているが、商業的な入荷は少なく、現状ではプライベートルートで少数が入荷しているだけである。本種は小型なため、1ペアの飼育・繁殖は30㎝ほどの水槽で十分である。卵の休眠期間は約4ヶ月。産まれた稚魚は小さいため、繁殖はやや難しい。**水温**：20～25℃　**水質**：弱酸性　**水槽**：30㎝～

アウストロフンデュルス・グアジラ　*Austrofundulus guajira*　1年生

全長：8㎝　**分布**：ベネズエラ、コロンビア　2005年に記載されたばかりの種で、ずんぐりとした体形と淡い体色が特徴である。オスの尾びれは光線の具合により青色に輝く。水質に対する順応性は高く、飼育自体は難しくない。餌は人工飼料の他冷凍アカムシもよく食べる。アウストロフンデュルス属 *Austrofundulus* は他に、*A. leohoignei*, *A. leoni*, *A. limnaeus*, *A. myersi*, *A. rupununi*, *A. transilis* が知られている。いずれも入荷の機会は少なく、入手は難しい。**水温**：20～25℃　**水質**：弱酸性　**水槽**：30㎝～

カダヤシ目 Cyprinodontiformes　リヴルス科 Rivulidae

スワローキリー　*Terranatos dolichopterus*　[1年生]

全長：4cm **分布**：ベネズエラ・オリノコ川水系　1属1種の魚。スワローの名の通り、各ひれが伸長し特徴的な姿を見せる。色彩も美しく、昔から愛好家の間では人気が高く、まれにワイルド個体やブリード個体が入荷しているので、入手の際にはチャンスを逃さないようにしたい。飼育の際には弱酸性の軟水を用意する。卵の休眠期間が4〜5ヶ月と長く、繁殖は難しい。**水温**：20〜25℃ **水質**：弱酸性 **水槽**：30cm〜

ミクロモエマ・キフォフォーラ　*Micromoema xiphophora*　[1年生]

全長：5cm **分布**：ベネズエラ・オリノコ川水系　1属1種の魚。以前はテロレビアス属 *Pterolebias* に置かれていた。やや細身の体形をしており、尾びれの上下が伸長するのが特徴である。体側には数本の赤いラインが入り美しい。愛好家の間では人気が高いが、入荷の機会は少なく、入手は難しい。弱酸性の落ち着いた水を用意すれば飼育自体は難しくない。繁殖は難しく、卵の休眠期間は約4ヶ月である。**水温**：20〜25℃ **水質**：弱酸性 **水槽**：30cm〜

カダヤシ目 Cyprinodontiformes　リヴルス科 Rivulidae

テロレビアス・ファシアヌス　*Pterolebias phasianus*　1年生

全長：7cm　**分布**：ブラジル・パラグアイ川水系　細身の体形をもち、体側から尾びれにかけて入る縦のラインが特徴。テロレビアス属 *Pterolebias* では比較的ポピュラーな観賞魚といえ、たまにヨーロッパルートでブリード個体が輸入されるぐらいである。飼育は難しくないが、繁殖は卵の休眠期間が約4ヶ月と長く、やや難しい。テロレビアス属には他に *P. hoignei* が知られている。**水温**：20～25℃　**水質**：弱酸性　**水槽**：30cm～

グナソレビアス・ゾナートゥス　*Gnatholebias zonatus*　1年生

全長：8cm　**分布**：ベネズエラ　以前はテロレビアス属に置かれていたこともある。やや大型になる。成長したオスでは、尾びれの上部の軟条が伸長して独特な姿を見せる。体色も金属的光沢のある緑色に暗色の横縞が入り非常に美しい。急変さえ避ければ水質にはうるさくないが、大きめの水槽を用意したい。やや大型の卵を産むが、休眠期間は約4ヶ月と長く、孵化のタイミングが難しい。**水温**：20～25℃　**水質**：弱酸性　**水槽**：45cm～

カダヤシ目 Cyprinodontiformes　リヴルス科 Rivulidae

アフィオレビアス・ペルエンシス　*Aphyolebias peruensis*　1年生

全長：10㎝ **分布**：ペルー　やや細身の体形をもち、尾びれの上下が伸長するのが特徴である。体側やひれには細い横縞が入る。以前はテロレビアス属に置かれていたため、現在でもその属名で商業的に流通していることが多い。飼育は難しくないが、水槽から跳び出すことがあるので、隙間のないように蓋をしたい。卵はピートモスの中に産みつけられる。卵の休眠期間は4〜6ヶ月である。**水温**：20〜25℃ **水質**：弱酸性 **水槽**：45㎝〜

ネマトレビアス・ホワイティ　*Nematolebias whitei*　1年生

全長：7㎝ **分布**：ブラジル　やや高めの体高をもち、背びれと尻びれ、尾びれが伸長する特徴的な体形が美しい。日本のアクアリウム界では比較的古くから知られており、以前はキノレビアス属 *Cynolebias* に置かれていた。赤茶色を基調とした体色にパールスポットが散りばめられた姿は非常に美しい。ブリード個体が流通することも多く、南米産年魚としては入手しやすい。飼育も難しくなく、繁殖も比較的容易である。卵の休眠期間は約4ヶ月。ネマトレビアス属 *Nematolebias* には他に *N. papilliferus* が知られている。**水温**：20℃前後 **水質**：弱酸性 **水槽**：30㎝〜

カダヤシ目 Cyprinodontiformes　リヴルス科 Rivulidae

"MSL"♂

♀

スポットの少ない個体♂

婚姻色を表した♂

アウストロレビアス・ニグリピニス　*Austrolebias nigripinnis*　1年生

全長：5㎝　**分布**：アルゼンチン、ウルグアイ
"アルゼンチン・パールフィッシュ"として古くから知られる人気種で、以前はキノレビアス属 *Cynolebias* に置かれていた。卵生メダカの代表種の1つともいえ、黒い体に散りばめられたパールスポットが非常に美しい。最近では体色の異なる地域変異も紹介されている。ブリード個体が比較的コンスタントに輸入されているので、入手は難しくないだろう。飼育にはピートモスを使用した弱酸性の水が適している。繁殖も比較的容易である。卵の休眠期間は約3ヶ月。**水温**：20～25℃　**水質**：弱酸性　**水槽**：30㎝～

カダヤシ目 Cyprinodontiformes　リヴルス科 Rivulidae

アウストロレビアス・アレキサンドリィ　*Austrolebias alexandri*　1年生

全長：5cm　**分布**：アルゼンチン、ウルグアイ、ブラジル　状態のよいオスでは、全身がパウダーブルーに染まる。魚の気分によっては、体側の横縞が濃く現れる。本種も以前はキノレビアス属に置かれていた。ニグリピニスと並びアウストロレビアス属 *Austrolebias* の代表的な種類で、昔から観賞魚として人気が高い。最近では採集地名付きの系統も流通している。またアルビノ品種も作出されている。飼育・繁殖は比較的容易である。卵の休眠期間は約3ヶ月。**水温**：20℃前後　**水質**：弱酸性　**水槽**：30cm～

アルビノ品種♂

アウストロレビアス・アドロフィ　*Austrolebias adloffi*　1年生

全長：5cm　**分布**：ブラジル　体側の横縞が非常によく目立つ。頬部と各ひれは美しい青緑色に染まる。アウストロレビアス属の多くの魚は以前キノレビアス属に置かれていたが、分類的な見直しが行われ、現在の属へと移された。卵生メダカではこうした例は多く、そのため趣味の世界では古い学名が通称名となっている種類も少なくない。飼育は他の近縁種に準ずるが、繁殖はやや難しいようである。卵の休眠期間は3～5ヶ月。**水温**：20℃前後　**水質**：弱酸性　**水槽**：30cm～

カダヤシ目 Cyprinodontiformes　リヴルス科 Rivulidae

アウストロレビアス・ベロッティー　*Austrolebias bellottii*　1年生

全長：7㎝　**分布**：アルゼンチン　本種も古くから"アルゼンチン・パールフィッシュ"として知られているが、日本ではこの名称はどちららというとニグリピニス（→ P.94）に対して使われてきた。英名は逆に、ニグリピニスのほうを Dwarf Argentine pearlfish や Blackfin pearl killifish とし、本種と区別している。淡い青色にパールスポットが散りばめられた体色は美しい。低温でゆっくりと育成すると、驚くほど体色が濃く発色するという報告もある。数多くの地域変異が知られている。卵の休眠期間は約4ヶ月である。**水温**：20℃前後　**水質**：弱酸性　**水槽**：30㎝〜

"Pajcab" ♂

アウストロレビアス・カルア　*Austrolebias charrua*　1年生

全長：5㎝　**分布**：ブラジル
体側の横縞が非常に目立ち、えら蓋と尻びれは青緑色に染まり、尾びれは黒く染まる。各ひれにはパールスポットも入り、非常に魅力的な種類である。アドロフィ（→ P.95）に近縁とされ、体色もよく似ている。比較的最近になって記載された種で、現状は愛好家の間で流通する程度で、商業的な入荷はないようである。飼育自体は難しくなく、同属の他種に準ずる。　**水温**：20℃前後　**水質**：弱酸性　**水槽**：30㎝〜

カダヤシ目 Cyprinodontiformes　リヴルス科 Rivulidae

アウストロレビアス・サルビアイ *Austrolebias salviai*　1年生

全長：5 cm　**分布**：ウルグアイ

全身がパウダーブルーに染まり、体側には薄らと細い横縞が入る。比較的最近になって記載された種で、趣味の世界で流通するようになったのもここ数年のことである。飼育・繁殖は他のアウストロレビアス属の魚に準ずる。本種を *A.reicherti* とする見解もある。**水温**：20℃前後　**水質**：弱酸性　**水槽**：30 cm〜

アウストロレビアス・エロンガートゥス *Austrolebias elongatus*　1年生

全長：15 cm　**分布**：アルゼンチン　アウストロレビアス属では最大になる種で、以前はメガレビアス属 *Megalebias* に置かれていた。古くはキノレビアス属に置かれていた時期もある。飼育には大型の水槽が必要で、また飼育の際の水温も20℃以下の低温を好む。こうしたことから一般向きの魚とはいえないが、愛好家の間では人気が高いようだ。肉食性が強く、餌は生きたメダカやエビなどを好む。繁殖はやや難しい。卵の休眠期間は約6ヶ月である。**水温**：15〜20℃　**水質**：弱酸性　**水槽**：60 cm〜

カダヤシ目 Cyprinodontiformes　リヴルス科 Rivulidae

アウストロレビアス・プログナサス　*Austrolebias prognathus*　1年生

全長：15㎝　**分布**：ウルグアイ　成長した個体はメダカというよりも、どことなくブラックバスや大型のシクリッド類のような精悍な印象である。本種も以前はメガレビアス属に置かれていた。飼育には大型の水槽と低温の環境が必要なので、それが用意できる人だけに飼育を薦めたい。肉食性が強いため、餌の小魚なども大量に必要となるので、その覚悟も必要である。卵の休眠期間は約5ヶ月。孵化後の成長はめざましく、目に見えるような早さで成長する。写真は"Rnte25 Lascano"というロケーション名の個体。
水温：15～20℃　**水質**：弱酸性　**水槽**：60㎝～

アウストロレビアス・ウォルターストーフィ　*Austrolebias wolterstorffi*　1年生

全長：12㎝　**分布**：ブラジル　メダカとは思えない精悍な表情を見せる。体や各ひれに入るパールスポットも美しい。本種も以前はメガレビアス属に置かれていた。このような大型種は、小型で可愛らしいタイプのメダカを好む愛好家からは敬遠されがちだが、一度飼育してみるとその魅力が理解できるだろう。本種も低温が適しているので、冬場のほうが飼育しやすいだろう。卵の休眠期間は約3ヶ月。写真は"R9km310"というロケーション名の個体。
水温：15～20℃　**水質**：弱酸性　**水槽**：60㎝～

カダヤシ目 Cyprinodontiformes　リヴルス科 Rivulidae

アウストロレビアス・ヴァズフェレイライ *Austrolebias vazferreirai* 　1年生

全長：10cm　**分布**：ウルグアイ　本属の中ではやや大型で、成熟個体では非常に重厚感のある精悍な表情を見せる。体側は光線の具合により、美しい青緑色に輝く。本種のような大型種はできるだけ大型の水槽でゆったりと飼育し、最大サイズまで育て上げるとその魅力が堪能できるだろう。成長は早く餌を食べる量も多いので、水質管理には注意が必要。卵の休眠期間は約4ヶ月である。**水温**：15〜20℃　**水質**：弱酸性　**水槽**：60cm〜

シンプソニクティス・マグニフィクス *Simpsonichthys magnificus* 　1年生

全長：4cm　**分布**：ブラジル　シンプソニクティス属 *Simpsonichthys* の魚の多くも以前キノレビアス属 *Cynolebias* に置かれており、本種もその名残で今でも"キノレビアス・マグニフィクス"と呼ばれることが多い。非常に美しい色彩をもち、発見当時は愛好家の間で話題となった。以前は入手が難しかったが、現在ではたまにヨーロッパルートでブリード個体が入荷している。飼育には弱酸性の軟水が適している。卵の休眠期間は約5ヶ月で、繁殖はやや難しい。**水温**：20〜25℃　**水質**：弱酸性　**水槽**：30cm〜

カダヤシ目 Cyprinodontiformes　リヴルス科 Rivulidae

シンプソニクティス・カーレットイ *Simpsonichthys carlettoi* 　1年生

全長：5cm **分布**：ブラジル　2004年に記載された種。マグニフィクス（→ P.99）の近縁種で、より派手な色彩を有する。オス同士がフィンスプレッディングしている姿は絶品である。若い個体では尻びれと背びれの後端はあまり伸長しないが、成長につれ伸長し、見事なフォルムを見せる。プライベートルートのほうが容易に入手できるだろう。飼育・繁殖は同属の他種に準ずる。卵の休眠期間は4〜5ヶ月。**水温**：20〜25℃ **水質**：弱酸性 **水槽**：30cm〜

シンプソニクティス・フルミナンティス *Simpsonichthys fulminantis* 　1年生

全長：5cm **分布**：ブラジル　色彩的に地味な魚が多い南米産卵生メダカの中で、ひと際輝く美しい色彩をもつ。オスの尻びれと背びれはやや大きく発達し、そこに入る赤と青の細い縞模様が美しさを引き立てている。人気の高い種類なので、ヨーロッパルートでブリード個体が年に数回程度だが入荷しており、南米産年魚としては入手が容易なほうだ。弱酸性の落ち着いた飼育環境を用意してやれば、飼育は難しくない。卵の休眠期間は3〜4ヶ月である。**水温**：20〜25℃ **水質**：弱酸性 **水槽**：30cm〜

カダヤシ目 Cyprinodontiformes　リヴルス科 Rivulidae

シンプソニクティス・ノタートゥス　*Simpsonichthys notatus*　1年生

全長：5cm **分布**：ブラジル　ややがっちりした印象の魚で、体側に入る黒いスポットが特徴である。背びれと尾びれにはパールスポットが入り美しい。"キノレビアス・ノタートゥス"の名で商業的に流通していた時期もあるが、現在ではプライベートルートでの入手が早道であろう。飼育は比較的容易である。卵の休眠期間は約4ヶ月。繁殖は難しくない。**水温**：20～25℃　**水質**：弱酸性　**水槽**：30cm～

シンプソニクティス・トリリネアトゥス　*Simpsonichthys trilineatus*　1年生

全長：5cm **分布**：ブラジル　体側には種小名（trilinear＝3本線）にもあるように3本の暗色の縦縞が入る。成長したオスでは背びれと尻びれ後端が伸長し、三角形に近いフォルムとなる。やや黄色みをおびた体色も独特で、体側前半にはやや大きな暗色斑が入るのも特徴である。一時期現地採集魚が輸入されたが、現在も愛好家の間で系統維持されているようだ。飼育・繁殖の難易度は中級レベルといったところである。卵の休眠期間は約2ヶ月。**水温**：20～25℃　**水質**：弱酸性　**水槽**：30cm～

カダヤシ目 Cyprinodontiformes　リヴルス科 Rivulidae

シンプソニクティス・ステラートゥス *Simpsonichthys stellatus* 　1年生

全長：4cm　**分布**：ブラジル　背びれと尻びれの後端が伸長し、全体のフォルムは三角形に近くなる。体側には細い横縞が入り、背びれと尾びれにはパールスポットが散りばめられ美しい。シンプソニクティス属の魚の多くは、雌雄で体色が大きく異なる。メスは色彩的に地味で、体側に黒いスポットが入る種類が多い。商業ルートでの入荷は少なく、入手はやや難しい。飼育に関しては同属の他種に準ずる。**水温**：20～25℃　**水質**：弱酸性　**水槽**：30cm～

シンプソニクティス属の一種"ウルクイア" *Simpsonichthys* sp. "Urucuia" 　1年生

全長：5cm　**分布**：ブラジル　ステラートゥスに近縁と思われる未記載種である。最近になって紹介され、商業ルートで少数が入荷している他、プライベートルートでも国内に導入されている。各ひれには乱れたような縞模様が入る。体側は美しい青色のパールスポットで飾られている。飼育は特に難しくなく、同属の他種に準ずる。卵の休眠期間は2～4ヶ月である。**水温**：20～25℃　**水質**：弱酸性　**水槽**：30cm～

カダヤシ目 Cyprinodontiformes　リヴュラス科 Rivulidae

シンプソニクティス・フラビカウダトゥス *Simpsonichthys flavicaudatus*　1年生

全長：5㎝　**分布**：ブラジル　成長したオスでは、背びれと尻びれの後端が伸長し三角形に近い美しいフォルムを見せる。体は滲み出るような色彩に染まる。以前は商業ルートでの入荷もあったが、現在はほとんど入荷していないようだ。こうした種類は愛好家が系統維持していることが多く、インターネットなどを通した入手のほうが容易である。飼育・繁殖の難易度は中級といえる。卵の休眠期間は約3ヶ月である。**水温**：20～25℃　**水質**：弱酸性　**水槽**：30㎝～

シンプソニクティス・フラメウス *Simpsonichthys flammeus*　1年生

全長：5㎝　**分布**：ブラジル　成長したオスの背びれと尻びれの軟条はフィラメント状に伸長し、他種にはない独特のフォルムを見せる。体色は淡い青緑色に染まる。人気の高い種類だが、商業的な入荷は少なく、入手はやや難しい。飼育は同属の他種に準ずる。卵の休眠期間は3～4ヶ月で、繁殖難易度は中級といったところである。**水温**：20～25℃　**水質**：弱酸性　**水槽**：30㎝～

若い個体♂

103

カダヤシ目 Cyprinodontiformes　リヴルス科 Rivulidae

シンプソニクティス・アルターナートゥス　*Simpsonichthys alternatus*　1年生

全長：4 cm　**分布**：ブラジル　シンプソニクティス属の中ではやや小型で、背びれ、尻びれ、尾びれに太い縞模様が入るのが特徴である。体側にも9〜10本の横縞が入る。色彩的にやや地味な印象なこともあり、商業的な入荷は少ない。飼育にはピートモスを敷いた水槽を用意してやると、水質も弱酸性に保て、隠れ場所にもなり落ち着くだろう。餌は生き餌を好むが、入手が難しい場合は、冷凍赤虫でも代用できる。卵の休眠期間は2〜4ヶ月である。**水温**：20〜25℃ **水質**：弱酸性 **水槽**：30 cm〜

シンプソニクティス・コスタイ　*Simpsonichthys costai*　1年生

全長：3 cm　**分布**：ブラジル　状態のよいオスでは全身が濃紺に染まり、背びれと尻びれのエッジに白い縁取り模様が入り、蝶のような派手な印象となる。独特の色彩から愛好家の間では人気の高い魚だが、入荷量は少なく、入手は難しい。飼育に関しては、ピートモスを使用して弱酸性の軟水を用意するとよい。落ち着ける環境でないと美しい色彩は発現しない。卵の休眠期間は6ヶ月である。**水温**：20〜25℃ **水質**：弱酸性 **水槽**：30 cm〜

カダヤシ目 Cyprinodontiformes　リヴルス科 Rivulidae

シンプソニクティス・チャコエンシス　*Simpsonichthys chacoensis*　1年生

全長：5㎝　**分布**：パラグアイ　成長したオスの尻びれ後端は長く伸長し、独特のフォルムを見せる。また状態のよいときには、体全体が濃紺に染まる。愛好家の間では人気が高いが、入荷量は少なく、見かける機会はあまりないのが現状である。シンプソニクティス属の魚は、休眠処理（→P.178）した卵を郵送することができるため、インターネットを通じて海外の愛好家から卵を入手することも可能である。飼育は同属の他種に準ずる。卵の休眠期間6ヶ月である。**水温**：20～25℃　**水質**：弱酸性　**水槽**：30㎝～

シンプソニクティス・サンタナエ　*Simpsonichthys santanae*　1年生

全長：5㎝　**分布**：ブラジル　背びれに入る数個の黒い眼状斑が特徴である。赤みをおびた体色が非常に美しい。比較的最近になって紹介され、その美しさから今後人気が高まっていくことだろう。飼育に関しては難しくなく、同属の他種に準ずる。卵の休眠期間は2～3ヶ月とシンプソニクティス属の中ではやや短めである。**水温**：20～25℃　**水質**：弱酸性　**水槽**：30㎝～

カダヤシ目 Cyprinodontiformes　リヴルス科 Rivulidae

シンプソニクティス・コンスタンキアエ *Simpsonichthys constanciae* 1年生

全長：5cm **分布**：ブラジル　成長したオスの背びれと尻びれ後端は、フィラメント状に伸長し、非常に美しいフォルムを見せる。体側にはやや大きめの暗色斑がライン状に入る。生息場所の破壊から以前はサイテスに掲載されていた種であったが、現在は外されている。シンプソニクティス属の中では、飼育・繁殖は容易な部類なので、入門魚としても適している。卵の休眠期間は約4ヶ月。**水温**：20～25℃ **水質**：弱酸性 **水槽**：30cm～

シンプソニクティス・ボカーマニィ *Simpsonichthys bokermanni* 1年生

全長：5cm **分布**：ブラジル　シンプソニクティス属魚類としては、ややスリムな印象である。状態のよいオスは赤茶色の体色が鮮やかになり、各ひれのパールスポットが輝く。ヨーロッパからのブリード個体が商業的に入荷することがある他、国内ブリード個体もまれに流通している。水質に対する適応力が高く、本属飼育の入門魚としても適している。卵の休眠期間は約2ヶ月。**水温**：20～25℃ **水質**：弱酸性 **水槽**：30cm～

カダヤシ目 Cyprinodontiformes　リヴルス科 Rivulidae

リヴルス・キフィディウス　*Rivulus xiphidius*　多年生

全長：4.5㎝　**分布**：フランス領ギアナ　体側下部は紫色に染まり、リヴルス属 *Rivulus* の中ではトップクラスの美しさをもつ。そのため人気も高く、ヨーロッパブリードの個体を中心に、国内ブリードの個体もまれに流通し、比較的入手は容易。体色は生息場所により異なり、地域変異にはコードナンバーがつけられて区別されている。飼育には弱酸性の軟水とやや低めの水温が適している。飼育・繁殖はやや難しい。**水温**：20～23℃　**水質**：弱酸性　**水槽**：30㎝～

"WFRN2 KM27.5" ♂

リヴルス・アギラエ　*Rivulus agilae*　多年生

全長：5㎝　**分布**：フランス領ギアナ、スリナム　状態のよいオスは全身の赤みが強くなり非常に派手な印象となる。カラフルな色彩をもつことから人気が高い。まれにヨーロッパブリードの個体が入荷している。分布域が広いことから、生息地により色彩変異が見られ、コードナンバーで区別されている。飼育自体は難しくないが、繁殖はやや難しい。**水温**：20～25℃　**水質**：弱酸性　**水槽**：30㎝～

左♂　右♀

カダヤシ目 Cyprinodontiformes　リヴルス科 Rivulidae

リヴルス・プンクタートゥス　*Rivulus punctatus*　多年生

全長：5㎝　**分布**：パラグアイ、ボリビア、アルゼンチン、ブラジル　体側に細かい暗色の斑紋が入るのが特徴である。リヴルス属の中では非常に広範囲に分布し、そのため生息地ごとの体色も変化に富んでおり、知らなければ別種に見えるほどの違いがある。流通量は少なく、入手はやや難しい。飼育には弱酸性の軟水が適している。飼育自体は難しくないが、繁殖にはやや手こずるようだ。**水温**：20〜25℃　**水質**：弱酸性　**水槽**：30㎝〜

リヴルス・イリデスケンス　*Rivulus iridescens*　多年生

全長：7㎝　**分布**：ペルー　金属的光沢をもった緑色の地色に細かい赤のスポットが入る美しい種類。リヴルス属では中型の魚である。リヴルス属の魚たちは他の派手な卵生メダカの陰に隠れてしまいがちで、あまり注目されないこともあり、流通量は総じて少ない。本種も例外ではない。飼育には弱酸性の軟水が適している。餌は冷凍アカムシや生き餌を好む。**水温**：20〜25℃　**水質**：弱酸性　**水槽**：30㎝〜

カダヤシ目 Cyprinodontiformes　リヴルス科 Rivulidae

リヴルス・ロロフィ　*Rivulus roloffis*　多年生

全長：5.5㎝　**分布**：ハイチ　体側下部は不規則な青色の模様が入り、ひれの縁は黒く色づくのが特徴。この配色はリヴルス属の魚としては珍しい。流通量は少なく、入手は難しい。飼育自体は難しくなく、弱酸性の軟水を用意してやれば繁殖まで狙うことができるが、やや難しいとされる。**水温**：25℃前後　**水質**：弱酸性　**水槽**：30㎝～

リヴルス・キリンドラケウス　*Rivulus cylindraceus*　多年生

全長：5.5㎝　**分布**：キューバ　リヴルス属の魚ではもっとも古くから輸入されており、観賞魚としての知名度は高い。体色は生息地により変異がある。ヨーロッパよりブリード個体が入荷することが多く、入手は比較的容易。丈夫で飼育が容易なことから本属の飼育入門魚的存在といえる。繁殖も容易で、殖やした中からオレンジ色の強い個体と青色の強い個体が現れることが知られている。**水温**：20～25℃　**水質**：弱酸性　**水槽**：30㎝～

カダヤシ目 Cyprinodontiformes　リヴルス科 Rivulidae

上♀　下♂

リヴルス・インスラエピノルム　*Rivulus insulaepinorum*　多年生

全長：6 cm　**分布**：キューバ・ピノス島（現青年の島）　キリンドラケウス（→ P.109）に非常に近縁な種で、外見もよく似ている。キューバ国内のかつてはピノス島と呼ばれた Isla de la Juventud（青年の島という意）にのみ生息しているという。メスの尾柄部上部にはよく目立つ眼状斑がある。これはリヴルス属の魚のメスによく見られる特徴で、リヴルス・スポットと呼ばれる。水質にもうるさくなく、飼育・繁殖は容易である。**水温**：20～25℃　**水質**：弱酸性　**水槽**：30 cm～

リヴルス・マグダレナエ　*Rivulus magdalenae*　多年生

全長：9 cm　**分布**：コロンビア　体側は緑色から青色に染まり、細かい臙脂色のスポットが入る。尾びれの外縁が白く染まるのが特徴である。リヴルス属の魚としてはやや大型になる。生息地により体色は変異に富み、各産地の個体を比較すると別種に見えるほどの違いがある。飼育・繁殖は難しくないが、活発な性質で、しばしば水槽から跳び出すので、隙間のないように必ず蓋をすること。**水温**：20～25℃　**水質**：弱酸性　**水槽**：45 cm～

カダヤシ目 Cyprinodontiformes　リヴルス科 Rivulidae

リヴルス・ウロフタルムス　*Rivulus urophthalmus*　多年生

全長：7cm　**分布**：ブラジル、スリナム、フランス領ギアナ　広範囲に分布しており、生息地により体色は変異に富んでいる。写真の個体は、ブラジルのプリマヴェーラ（Primavera）産の個体である。"リヴルス"は大型になる種類ほど飼育が容易なものが多く、小型で色彩がカラフルな種類ほど繁殖も含めて難しい場合が多い。本種はその例に漏れず、飼育・繁殖は容易である。**水温**：20〜25℃　**水質**：弱酸性　**水槽**：30cm〜

リヴルス・オブスクルス　*Rivulus obscurus*　多年生

全長：4cm　**分布**：ブラジル　複雑な色彩と模様が入り交じった尾びれが特徴。メスの色彩も独特な体色を有する。数年前にドイツルートによる初入荷があったが、依然入荷量は少なく入手は難しい。非常に神経質で、水面近くの水草の陰に隠れていることが多い。飼育には弱酸性の軟水が適している。繁殖はやや難しい。**水温**：20〜23℃　**水質**：弱酸性　**水槽**：30cm〜

111

カダヤシ目 Cyprinodontiformes　リヴルス科 Rivulidae

リヴルス・マーディアエンシス　*Rivulus mahdiaensis*　多年生

全長：4cm　**分布**：ブラジル　成長したオスの尾びれの上下が伸長し、ライアー状になるのが特徴。体色もリヴルス属としてはカラフルなほうである。ドイツよりブリード個体が入荷したことがあるが、入手は困難。やや神経質な魚のため、飼育・繁殖は難しい。驚いたときなどに水槽から跳び出すことがあるので、注意が必要。**水温**：20～25℃　**水質**：弱酸性　**水槽**：30cm～

リヴルス属の一種 "アルア"　*Rivulus* sp. "Arua"　多年生

全長：4cm　**分布**：ブラジル　比較的地味な魚が多いリヴルス属の中では、際立って美しい体色を有する。尾びれの色彩が独特で、他種との判別ポイントとなるだろう。かつてドイツブリードの個体が入荷したことがあるが、現在では入手が難しいだろう。飼育には弱酸性の軟水が適している。繁殖はやや難しい。**水温**：20～25℃　**水質**：弱酸性　**水槽**：30cm～

カダヤシ目 Cyprinodontiformes　リヴルス科 Rivulidae

リヴルス属の一種 "カラカス"　*Rivulus* sp. "Caracas"　多年生

全長：8cm　**分布**：ベネズエラ　やや細身の体形、全身に入る細かい赤いスポット、尾びれの上下の黄色の縁取りが特徴である。本種のような魚は一部の愛好家の間で取り引きされる程度で、商業ルートにはほとんど乗らず、入手は難しい。性質は活発で、餌をねだって水槽の前面に出てくるほどである。飼育は容易。繁殖も難しくない。**水温**：20～25℃　**水質**：弱酸性　**水槽**：30cm～

リヴルス属の一種 "レッドフィン"　*Rivulus* sp. "Red fin"　多年生

全長：3cm　**分布**：ペルー　金属的光沢のある緑色の体色に赤いスポットがよく映える美しい種類である。"レッドフィン"は輸入時の名称であり、実際にはひれが特に赤く染まるわけではない。メスは地味な体色で、尾柄部上部にリヴルス・スポットをもつ。飼育に関しては他の本属の魚に準ずる。**水温**：20～25℃　**水質**：弱酸性　**水槽**：30cm～

カダヤシ目 Cyprinodontiformes　リヴルス科 Rivulidae

クリプトレビアス・カウドマルギナトゥス *Kryptolebias caudomarginatus* 多年生

全長：7 cm **分布**：ブラジル　体側には不規則な暗色斑が入り、尾柄部上部には大きく目立つ眼状斑が入るのが特徴である。ヨーロッパルートでまれにブリード個体が入荷している。性質は活発で、物陰に隠れることなく水槽内を泳ぎ回る。水質に対してうるさくなく、繁殖も難しくない。**水温**：20～25℃　**水質**：弱酸性　**水槽**：30 cm～

クリプトレビアス・ブラジリエンシス *Kryptolebias brasiliensis* 多年生

全長：6.5 cm **分布**：ブラジル　以前はリヴルス属とされていたが、現在はクリプトレビアス属 *Kryptolebias* に置かれている。"リヴルスの仲間"としてはやや珍しい赤褐色を基調とした体色が特徴である。入荷量は少なく、あまり見かける魚ではない。性質は活発で、同じ水槽に複数のオスがいる場合、ひれを広げて闘争する様子を観察できる。飼育は難しくないが、繁殖はやや難しい。**水温**：20～25℃　**水質**：弱酸性　**水槽**：30 cm～

カダヤシ目 Cyprinodontiformes　キプリノドン科 Cyprinodontidae

アメリカンフラッグ・フィッシュ　*Jordanella floridae*　多年生

全長：6㎝　**分布**：アメリカ合衆国南部　体色がアメリカ合衆国の国旗の配色に似ていることからその名がつけられている。観賞魚としては数少ないアメリカ合衆国産の卵生メダカである。かなり古くから親しまれ、現在でもコンスタントに養殖魚が輸入されており、入手はたやすい。水質に広く適応し、飼育は容易である。繁殖の際に卵をオスが保護するという、メダカにしては変った生態が知られている。**水温**：20〜27℃　**水質**：中性〜弱アルカリ性　**水槽**：30㎝〜

キプリノドン属の一種　*Cyprinodon* sp.　多年生

全長：6㎝　**分布**：アメリカ合衆国南部　キプリノドン属 *Cyprinodon* の魚は Pupfish（メダカの意）の英名で知られ、アメリカ合衆国南部やメキシコから数多く記載されている。砂漠の中の泉など特殊な環境に生息し、絶滅が危惧されている種も多い。体形は似たものが多く、詳しい採集場所などの情報がないと種の同定は難しい。この種類は、飼育・繁殖は容易であるが、複数を飼育していると、一番強いオスだけが美しく発色し、その他のオスは地味な色彩となる。飼育は、サンゴ砂などを使用した硬水のほうが適している。**水温**：20〜27℃　**水質**：弱アルカリ性　**水槽**：30㎝〜

カダヤシ目 Cyprinodontiformes　フンドゥルス科 Fundulidae

フンドゥルス・コンフルエントゥス　*Fundulus confluentus*　多年生

全長：8㎝　**分布**：アメリカ合衆国南部　体側には細かい横縞が入り、各ひれは美しいパールスポットで飾られる。フンドゥルス属 *Fundulus* は数多くの記載種があるが、どれも観賞魚として輸入されることは少ない。まれにアメリカ合衆国産の他の淡水魚と一緒に入荷することがあるので、そうした機会を逃さないようにしたい。飼育に関しては特に注意することもなく、容易である。**水温**：20～27℃　**水質**：中性　**水槽**：30㎝～

フンドゥルス・クリソトゥス　*Fundulus chrysotus*　多年生

全長：7㎝　**分布**：アメリカ合衆国南部　ずんぐりとした体形はどことなくアプロケイルス属の魚（→ P.68-71）を思わせる。体色は非常に変異に富んでおり、生息地により異なっている。その違いは他の卵生メダカよりも大きく、別種の印象を受けるほどである。水質に対する順応性は高く、飼育は容易。**水温**：20～27℃　**水質**：中性　**水槽**：30㎝～

カダヤシ目 Cyprinodontiformes　フンドュルス科 Fundulidae

フンドュルス・ヘテロクリトゥス *Fundulus heteroclitus* 多年生

全長：15㎝　**分布**：アメリカ合衆国、カナダ

ずんぐりとした体形をしており、黄色みをおびた体の後半から尾びれにかけて銀色のスポットが散りばめられている。通常は8㎝ほどだが、最大では15㎝にもなる大型種である。丈夫で飼育は容易。温帯魚で低温にも強いため、室内で加温の必要はない。北米産の種類はあまり輸入の機会はないので、入手できたらぜひ系統維持していきたい。**水温**：20～27℃　**水質**：弱酸性　**水槽**：60㎝～

Column 休眠卵の不思議

　乾期と雨期で大きく環境が変わる過酷な大地に棲む卵生メダカたちは、私たちが驚くような繁殖方法を身につけ、世代を繋いでいる。それは乾期になって水がなくなっても、湿った土中で生き残ることができる休眠卵を産むという方法である。この休眠卵は手で摘んでも壊れないほど丈夫な殻をもち、乾期の数ヶ月の間、水が干涸びた池や沼の土中で次の雨期を待っている。

　さらに興味深いのは、この卵たちはすべてが同じように発生を進めないことなのだ。もし全部の卵が同じように発生を進め、雨が降った際に一斉に孵化してしまったら、それが通り雨だった場合、生息場所はまた干涸びて種族は途絶えてしまう。しかし、この休眠卵は発生の速度がバラバラで、すべてが一斉に孵化してしまうことがない。それにより、種が絶えてしまうことを未然に防いでいるのである。こうした自然の知恵には脱帽するばかりである。

上：この池も乾期には干涸びてしまう（スーダン）　下：上の池で採集されたノソブランキウス・ヴィルガトゥス　写真／酒井道郎（2点とも）

カダヤシ目 Cyprinodontiformes　キプリノドン科 Cyprinodontidae

アファニウス・メント　*Aphanius mento*　多年生

全長：4cm　**分布**：イスラエル、シリア　状態のよいオスは全身が青黒く染まり、パールスポットが散りばめられる。アウストロレビアス・ニグリピニス（→P.94）を彷彿とさせる配色をもつ。以前は"プアマンズ・アルゼンチンパールフィッシュ"と呼ばれることもあった。これは本種のほうが飼育が容易で、値段も安かったためである。日本の水なら調整しなくても飼育は可能だが、サンゴ砂などを使用してやや硬度を高めた水のほうが適している。繁殖も容易である。**水温**：20〜27℃　**水質**：弱アルカリ性　**水槽**：30cm〜

アファニウス・アナトリアエ　*Aphanius anatoliae*　多年生

全長：5〜6cm　**分布**：トルコ　丸みをおびた体形と体側に入る横縞模様が特徴だが、この横縞はオスだけがもち、メスは体側に細かいスポット模様が入り、外見はまったく異なる。以前ドイツよりまとまった輸入があったが、現在入手は難しい。飼育は難しくないが、硬度の高い水を好む。サンゴ砂の使用や塩分の添加は効果的である。餌は生き餌から人工飼料まで何でもよく食べる。**水温**：10〜25℃　**水質**：弱アルカリ性　**水槽**：30cm〜

世界のメダカたち
Profile-3

卵胎生メダカ

卵ではなく仔魚を直接産み落とす魚を英語でLivebearer（ライブベアラー）と呼ぶ。卵胎生メダカの他、真胎生メダカの仲間（グーデアの仲間）や、本書では紹介していないが、デルモゲニーなどのコモチサヨリ亜科Zenarchopterinae魚類などもそれに含んでいる。日本の観賞魚ホビーの世界ではライブベアラーという言葉は浸透しておらず、卵を胎内で孵化させて子供を産むカダヤシ目魚類は卵胎生メダカと呼び、グーデアの仲間やデルモゲニーなどとは分けてカテゴライズするのが一般的である。卵胎生メダカと聞けば、グッピーやプラティ、ソードテールといったおなじみの熱帯魚がまず思い浮かぶだろうが、原種に関しては、観賞魚として流通する種類が少なく、飼育品種と比べて見かける機会は圧倒的に少ないのが現状だ。

ミクロポエキリア・ピクタ♂

カダヤシ目 Cyprinodontiformes　カダヤシ科 Poeciliidae

"レッド" 上♂ 下♀

"イエロー"♂　　　　"スポットタイプ"♂

"ブルー"♂

ミクロポエキリア・パラエ　*Micropoecilia parae*

全長：♂2〜3cm　♀3〜4cm　**分布**：ブラジル北部、コロンビア　ミクロポエキリア属 *Micropoecilia* はグッピーなどと近縁で、同じポエキリア属 *Poecilia* に含むとする見解もある。本種は、欧米ではブルーグッピー（Blue Guppy）と呼ばれることもある。体色は変異に富み、独特の青色と黄色の、スポットともストライプともつかない模様を体表に表す。飼育・繁殖は概ねグッピーに準ずるが、デリケートな魚でグッピーほど容易でない。最近、現地採集魚とヨーロッパブリードの魚が相次いで日本に導入されたので、それら繁殖魚の普及が待たれる。**水温**：23〜27℃　**水質**：中性〜弱アルカリ性　**水槽**：30cm〜

カダヤシ目 Cyprinodontiformes　カダヤシ科 Poeciliidae

"レッド"♂

♀

普通見られる個体♂

"イエロー"♂

ミクロポエキリア・ピクタ　*Micropoecilia picta*

全長：♂2〜3cm　♀3〜4cm　**分布**：アルゼンチン、ウルグアイ、ブラジル　欧米ではドワーフグッピー（Dwarf Guppy）と呼ばれ人気のある本種であるが、日本の観賞魚市場ではまだ見かける機会が少ない。グッピーに似たカラフルな魚で、いくつかのカラーバリエーションがあり、"レッド" "イエロー" "ブラックスポット"などと呼ばれている。飼育は概ねグッピーに準ずるが、産仔数は少ない。汽水での飼育のほうが良好な結果を生む場合がある。**水温**：23〜27℃　**水質**：弱アルカリ性　**水槽**：30cm〜

カダヤシ目 Cyprinodontiformes　カダヤシ科 Poeciliidae

ミクロポエキリア・ブランネリィ　*Micropoecilia branneri*

全長：♂2〜3㎝　♀3〜4㎝　**分布**：ブラジル北部　特徴のあるピーコックスポットが尾柄部に入る可愛らしい卵胎生メダカであるが、日本ではその流通量は非常に少ない。多くはブラジルから輸入されるテトラ類やオトシンクルスに混ざって入ってきたものである。他の多くの熱帯魚と同様の水質を好み、今後普及すれば、コミュニティタンクのタンクメイトとして有望であ

る。水質調整以外の飼育はグッピーに準ずるが、比較的デリケートである。**水温**：25℃前後 **水質**：弱酸性〜中性 **水槽**：30㎝〜

ミクロポエキリア属の一種"オレンジライン"　*Micropoecilia sp."Orange line"*

全長：♂2〜3㎝　♀3〜4㎝　**分布**：ベネズエラ　ミクロポエキリア属の一種と思われ、最近になって現地採集魚が入荷した。同属他種と比べて細身で伸長した体型をしている。ライラック色をおびた紫灰色の体表に、側線に沿って蛍光色のようなオレンジ色のラインが縦に入る。このオレンジ色のラインは、個体によって変異が見られる。一見弱々しそうな外見をしているが、飼育は比較的容易である。産仔数は少ないが、繁殖はそれほど難しくない。国産のブリード個体も少数ながら流通している。**水温**：25℃前後 **水質**：中性〜弱アルカリ性 **水槽**：30㎝〜

カダヤシ目 Cyprinodontiformes　カダヤシ科 Poeciliidae

ミクロポエキリア・ミニマ　*Micropoecilia minima*

全長：♂2〜3cm　♀3〜4cm　**分布**：南米北部沿岸　比較的古くから知られる卵胎生メダカだが、生体がわが国に紹介されたのは比較的最近のことである。輸入はコンスタントではないので、入手はやや難しいだろう。種小名 *minima* は、"非常に小さい" という意味であり、ミクロポエキリア属の中でも特に小さな体躯をしている。しかしその体色は半透明の体に金属的な輝きがのり、さらに数箇所カラフルな斑紋が体表に入るという優れものである。飼育はそれほど難しくないが、何しろ小さな魚なので混泳の際などには同居魚には十分注意したい。**水温**：25℃前後　**水質**：弱酸性〜中性　**水槽**：30cm〜

ミクロポエキリア属の一種　*Micropoecilia* sp.

全長：♂3〜4cm　♀4〜5cm　**分布**：ブラジル（アマゾン川流域）　ブランネリィ（→P.122）に似るが、やや大型で、また色彩も異なるところから別種と思われる。以前はまとまった数がコマーシャルトレードで入荷していたが、最近は見かけることが少ない。美しい種なので、再度の輸入が望まれる。本種もブランネリィと同じように美しい紅のさしたブラックスポットが尾柄部に入るのが特徴である。**水温**：25℃前後　**水質**：弱酸性〜中性　**水槽**：30cm〜

カダヤシ目 Cyprinodontiformes　カダヤシ科 Poeciliidae

グッピー　*Poecilia reticulata*

全長：♂ 2〜3cm　♀ 3〜5cm　**分布**：西インド諸島〜南米北部沿岸　グッピーは、熱帯魚の中でもっとも人気のある魚の1つである。東南アジアで生産・輸入される飼育品種がお馴染みだが、原種やこれに近いワイルドフォームのグッピーも愛らしくカラフルな魚であり、それらとは違った魅力がある。飼育は容易であるが、弱アルカリ性の水質を好むので、弱酸性の水質を好むネオンテトラなどの小型のカラシン類や、アピストグラマなどドワーフシクリッドなどとの混泳は不向きである。餌は生餌でもよいが、栄養バランスに優れたグッピーフードが各種市販されているので、これらを使うと便利である。飼育はもちろん、繁殖も誰にでも楽しめる。**水温**：

① ベネズエラ産原種 "ビター '94" ♂
② ブラジル・パラ州産原種 ♂
③ ベネズエラ・アプレ州産原種 ♂
④ スリナム産原種 ♂

23〜28℃　**水質**：中性〜弱アルカリ性　**水槽**：30cm〜

カダヤシ目 Cyprinodontiformes　カダヤシ科 Poeciliidae

⑤ ダブルソード♂（国産飼育品種）
⑥ ラウンドテール♂（国産飼育品種）
⑦ ピンテール♂（国産飼育品種）
⑧ ボトムソード♂（国産飼育品種）
⑨ スピアテール♂（国産飼育品種）
⑩ トップソード♂（国産飼育品種）

カダヤシ目 Cyprinodontiformes　カダヤシ科 Poeciliidae

⑪ フラミンゴ♂（シンガポール産飼育品種）
⑫ ネオンタキシード♂（シンガポール産飼育品種）
⑬ モザイク♂（シンガポール産飼育品種）
⑭ ゴールデンキングコブラ♂（シンガポール産飼育品種）
⑮ グリーングラス♂（シンガポール産飼育品種）
⑯ シンガードラゴン♂（シンガポール産飼育品種）

カダヤシ目 Cyprinodontiformes　カダヤシ科 Poeciliidae

⑰ ドイツイエロータキシード♂（国産飼育品種）
⑱ ドイツイエロータキシード♀（国産飼育品種）
⑲ ドイツイエロータキシードリボン♂（国産飼育品種）
⑳ ブルーグラス♂（国産飼育品種）
㉑ レッドテール♂（国産飼育品種）
㉒ モザイク♂（国産飼育品種）

カダヤシ目 Cyprinodontiformes　カダヤシ科 Poeciliidae

㉓ オールドファッションブルーモザイク♂（国産飼育品種）
㉔ オールドファッションモザイク♂（国産飼育品種）
㉕ メタルコブラ♂（国産飼育品種）
㉖ イエローグラス♂（国産飼育品種）
㉗ リアルレッドアイアクアマリンブルーグラス♂（国産飼育品種）
㉘ モスコーブルー♂（国産飼育品種）
㉙ レッドレースコブラ♂（国産飼育品種）
㉚ モザイクタキシードリボン♂（国産飼育品種）
㉛ キングコブラ♂（国産飼育品種）

カダヤシ目 Cyprinodontiformes　カダヤシ科 Poeciliidae

㉜ メラー　左♂ 右♀（国産飼育品種）
㉝ コブラブルーグラス♂（国産飼育品種）
㉞ ピングー♂（国産飼育品種）
㉟ グラスベリー　上♀ 下♂（国産飼育品種）
㊱ マゼンタ♂（国産飼育品種）
㊲ バルーングッピー♂（国産飼育品種）

129

カダヤシ目 Cyprinodontiformes　カダヤシ科 Poeciliidae

エンドラーズ・ライブベアラー　*Poecilia wingei*

全長：♂ 2～3cm　♀ 2～4cm　**分布**：ベネズエラ

以前はグッピーの地域変異とされていたが、2005年に別種として新たに記載された。グッピーと同様に大変カラフルな体色の魚だが、独特の美しい斑紋をもち、その形状も個体ごとさまざまである。飼育品種として固定されており、これら"模様違い"をコレクションするのも楽しい。グッピーとは容易に交配でき、本種の特徴を生かした飼育品種も作出されている。飼育はグッピーに準じ、繁殖も同様に容易であるが、産仔数はグッピーに比べると少ない。餌はグッピーと同様のものを用意すればよい。

水温：23～28℃　**水質**：中性～弱アルカリ性　**水槽**：30cm～

① "エンドラーズ・お年玉" ♂
② "エンドラーズ・ラグナ デ パトス Laguna de Patos" ♂
③ "エンドラーズ・オレンジ" ♂
④ "エンドラーズ・オレンジドット" ♂

カダヤシ目 Cyprinodontiformes　カダヤシ科 Poeciliidae

ポエキリア・スカルプリデンス　*Poecilia scalpridens*

全長：♂2cm　♀3〜4cm　**分布**：ブラジル（アマゾン川下流域）　アマゾン川の下流域に広く分布する。側線に沿って入る黒いラインと背びれの黄色いドットがチャームポイントの可愛らしい魚である。本種のみの商業ベースでの輸入はないようで、まれに現地採集の他の小型魚などに混ざって入ってくることがある。飼育や繁殖に関しては、ミクロポエキリア・ピクタ（→P.121）などに準ずればよいだろう。**水温**：23〜28℃　**水質**：中性〜弱アルカリ性　**水槽**：30cm〜

♀

ポエキリア・カウカナ　*Poecilia caucana*

全長：♂4cm　♀5cm　**分布**：中南米南部〜南米北部　本種はいわゆるモーリーの仲間だが、小型である。比較的分布が広いため、多くの地域変異が知られている。全体に地味だが、背びれが赤くなる"レッドタイプ"と、黄色くなる"イエロータイプ"が存在する。いずれもそれがアクセントになって愛らしい。飼育は他のモーリーに準じ、いたって容易であるが、汽水での飼育のほうが成長が良好である。**水温**：23〜28℃　**水質**：弱アルカリ性　**水槽**：30cm〜

別タイプ♂

131

カダヤシ目 Cyprinodontiformes　カダヤシ科 Poeciliidae

ポエキリア・オーリィ　*Poecilia orri*

全長：♂4cm　♀5～6cm　**分布**：メキシコ

モーリーの仲間の原種はほとんど熱帯魚店で見かける機会がないが、本種はヨーロッパブリード個体を中心に比較的流通量が多く、入手しやすい。もちろん改良品種と比べれば見る機会は断然に少ない。あまり派手な魚ではないが、青みがかった緑色の美しい地肌と各ひれの赤色がよいコントラストをなす。飼育は容易。"リバティー・モーリー"(→P.133)という飼育品種と混同されている場合がある。**水温**：23～28℃　**水質**：中性～弱アルカリ性　**水槽**：30cm～

ポエキリア・ヴィヴィパラ　*Poecilia vivipara*

全長：♂4～6cm　♀5～8cm　**分布**：南米大西洋岸熱帯域　南米の大西洋岸に広く分布している。雌雄ともに体の中央に黒いスポットが入るのが特徴。汽水～純淡水域まで生息し、分布域が広いため個体群によって大きさが異なる。一見丈夫そうだが、若干デリケートな面がある。植物質の餌を多めに与えるのが、良好な状態を維持するためのコツである。**水温**：23～28℃　**水質**：弱アルカリ性　**水槽**：30cm～

カダヤシ目 Cyprinodontiformes　カダヤシ科 Poeciliidae

"リバティー・モーリー"♂

ポエキリア・スフェノプス　*Poecilia sphenops*

全長：♂4〜6㎝　♀5〜8㎝　**分布：**アメリカ合衆国南部〜コロンビア

ブラック・モーリーなどの「改良品種のモーリー」たちの原種である。以前は *Mollienesia* という属に含まれていたが、現在 *Mollienesia* は亜属名になっている。"リバティー・モーリー" と呼ばれる魚が本種に相当するといわれることがあるが、本種にはさまざまなバラエティや地域変異があり、"リバティー・モーリー" もそれらから派生した飼育品種の1つである。飼育はいたって容易。植物質の餌を好み、他の魚が嫌う藍藻類なども食べるので、タンククリーナーとしても定評がある。北海道の温泉地に定着したものもおり、コクチモーリーという和名もある。**水温：**23〜28℃　**水質：**中性〜弱アルカリ性　**水槽：**45㎝〜

"リバティー・モーリー"♀

ブラック・モーリー♂

133

カダヤシ目 Cyprinodontiformes　カダヤシ科 Poeciliidae

セイルフィン・モーリー　*Poecilia verifera*

全長：♂8～12cm　♀8～10cm　**分布**：ユカタン半島　オスの背びれがヨットのセイルのように広がるところからこの名がある。内湾から純淡水域まで広水域に生息しているといわれる。ゴージャスという言葉が相応しいその姿から人気が高く、古くから親しまれている観賞魚である。多くの色彩の異なる改良品種の他に、"バルーンタイプ"など体形に手を加えた改良品種も作出されている。飼育・繁殖は容易だが、大型になるのでそれに見合った水槽を用意したい。餌は植物質のものを好む。似たような外見の*P.latipinna*などの別種がおり、こちらもセイルフィン・モーリーと呼ばれることがある。**水温**：23～28℃　**水質**：中性～弱アルカリ性　**水槽**：45cm～

"マーブルバルーン・モーリー"♂

ファロケルス・カウディマクラートゥス　*Phalloceros caudimaculatus*

全長：3～4cm　**分布**：ブラジル東南部、ベネズエラ、ウルグアイ　主にヨーロッパでブリードされたものが流通するが、まれに南米から他魚に混ざって輸入される。体色はマーブル模様のものが一般的だが、マーブル模様がなく、体にドットのような眼状斑が入るタイプもある。比較的流れが緩やかな細流やスワンプ（沼地）のような場所に生息するとされている。飼育はグッピーやモーリーに準ずるが、大きさの割りに広いスペースを要する。**水温**：23～28℃　**水質**：中性～弱アルカリ性　**水槽**：30cm～

カダヤシ目 Cyprinodontiformes　カダヤシ科 Poeciliidae

リミア・ペルギアエ　*Limia perugiae*

全長：♂4㎝　♀5～6㎝　**分布**：ドミニカ　体側は金色の地色に黒いストライプが入り、さらに銀色の金属的光沢がある。体高はリミア*Limia*属としてはやや高く、独特の雰囲気がある。飼育・繁殖は容易。ときどきヨーロッパからブリード個体が入荷する。**水温**：23～28℃　**水質**：中性～弱アルカリ性　**水槽**：30㎝～

リミア・メラノガスター　*Limia melanogaster*

全長：♂4㎝　♀5～6㎝　**分布**：ジャマイカ　ブリード個体が比較的多くヨーロッパから輸入されており、リミア属では入手が容易である。オスにもメスの"妊娠マーク"のような黒斑が腹部の後半に現れる。種小名の*melanogaster*は"黒い腹"という意味である。オスの各ひれは婚姻色を呈するとバレンシアオレンジのような明るいオレンジ色に染まり、さらに体部は藍色に輝き、見ごたえある姿となる。飼育・繁殖は難しくない。**水温**：23～28℃　**水質**：中性～弱アルカリ性　**水槽**：30㎝～

カダヤシ目 Cyprinodontiformes　カダヤシ科 Poeciliidae

"アウレア"上♂　下♀

リミア・ビッタータ　*Limia vittata*

全長：♂4㎝　♀5〜6㎝　**分布**：キューバ

　おそらくリミア属ではもっとも知名度の高い観賞魚だが、輸入されることはまれである。黄色と黒のまだら模様の魚はアウレア（Aurea）と呼ばれる個体群だが、まだら模様の入らない個体群も存在する。野性味のある美しさが魅力であるが、アルビノ個体もまれに流通し、こちらは対照的にエレガントな美しさがある。飼育・繁殖は容易である。**水温**：23〜28℃　**水質**：中性〜弱アルカリ性　**水槽**：30㎝〜

アルビノ個体♂

リミア・ドミニケンシス　*Limia dominicensis*

全長：3〜4㎝　**分布**：西インド諸島（ドミニカ周辺　リミア属自体がアクアリウムフィッシュとしてあまり一般的とは言いがたいが、そのなかでも見かける機会の少ない魚である。特徴ある色彩をもたないが、よく飼いこんだ個体は、薄っすらと輝くような銀色のストライプがオリーブ色の体色の上にのり、さらにひれ先は明るいオレンジ色に染まり、落ち着きある美しさを醸し出す。生息地は山間の細流とされているが、生息場所の水温は30℃を越す場合があるとされている。飼育は難しくなく、他の中型種のモーリーに準じる。**水温**：23〜28℃　**水質**：中性〜弱アルカリ性　**水槽**：30㎝〜

カダヤシ目 Cyprinodontiformes　カダヤシ科 Poeciliidae

リミア・ニグロファスキアータ　*Limia nigrofasciata*

全長：4〜6㎝　**分布**：ハイチ　古くから知られるアクアリウムフィッシュで、リミア属の中では知名度が高い。独特のフォームをしており、特にオスの背びれは大きく広がる。体色はオリーブ色であるが、そこに明るい黄色がカバーをしたように広がり、若干不規則な黒色のストライプ状の斑模様がさらにその上を被うようにして点在する。通常はヨーロッパからのブリード個体が輸入されてくるが、まれにワイルド個体も輸入されることがある。ワイルド個体はブリード個体と比べて体高と幅があり、一見ある種のコイ科魚類のような感じで見応えがある。生息地は水草の繁茂した緩やかな細流といわれており、飼育に際してもそうした環境を用意してやりたい。飼育自体は難しい魚ではないが、やや臆病な面があり、飼育開始当初はストレスを起こしやすいので注意が必要である。**水温**：23〜28℃　**水質**：中性〜弱アルカリ性　**水槽**：30㎝〜

キフォフォルス・ピグマエウス　*Xiphophorus pygmaeus*

全長：♂2〜3㎝　♀3㎝
分布：メキシコ　メキシコのアクストラ川（Rio Axtla）水系に分布する。名前のように大変小型で愛くるしいソードテールの仲間である。美しい魚であるが、非常にデリケートな面があり、産仔数も少ないことから、通常の観賞魚ルートでの流通はほとんどない。ヨーロッパでは熱心な愛好家によって累代飼育が行われている。**水温**：23〜28℃
水質：中性〜弱アルカリ性
水槽：30㎝〜

カダヤシ目 Cyprinodontiformes　カダヤシ科 Poeciliidae

キフォフォルス・ネサウアルコヨトル　*Xiphophorus nezahualcoyotl*

全長：♂5㎝　♀5〜6㎝　**分布**：メキシコ　メキシコのタマシ川（Rio Tamesí）水系のいくつかの河川に生息するといわれている。生息地は清流なので、飼育の際の水質も亜硝酸濃度の低い澄んだ水を好む。飼育・繁殖は容易である。過去にはそれなりに流通量もあり、オールドホビイストにとっては懐かしさを感じる"ソードテール"であるが、現在はあまり見る機会がない。種小名 *nezahualcoyotl* はアステカ王の名に由来する。**水温**：23〜28℃　**水質**：中性〜弱アルカリ性　**水槽**：60㎝〜

手前♂　奥♀

キフォフォルス・モンテズマエ　*Xphophorus montezumae*

全長：♂5㎝　♀7㎝　**分布**：メキシコ　銀灰色の体色の渋い印象の"ソードテール"だが、オスの尾びれの剣状突起は他の"ソードテール"と比べ顕著に伸長して、見ごたえがある。メキシコのパヌーコ川（Rio Pánuco）水系の多くの河川に生息している。飼育・繁殖は比較的容易であるが、古い水は好まない。輸入量は非常に少なく、主にヨーロッパの愛好家の手によるブリード個体が、プライベートルートで入荷している程度である。種小名 *montezumae* はアステカ王の名に由来する。**水温**：23〜28℃　**水質**：中性〜弱アルカリ性　**水槽**：60㎝〜

カダヤシ目 Cyprinodontiformes　カダヤシ科 Poeciliidae

キフォフォルス・クレメンシアエ　*Xiphophorus clemenciae*

全長：♂ 4～5㎝　♀ 5～6㎝　**分布**：メキシコ　ソードテール *X.helleri*（→P.140）に似るが、体部の青い地色上に赤いラインが数本入り、オスの尾びれの剣状突起は黒く縁取られた黄色でカラフルである。メキシコのサラビア川（Rio Sarabia）水系のみに分布する。非常にデリケートで飼育はやや難しいが、熱心なヨーロッパのブリーダーが累代飼育させた個体がドイツルートで輸入されることがある。こうした累代飼育個体は野生種に比べて飼育が容易な傾向がある。**水温**：23～28℃　**水質**：中性～弱アルカリ性　**水槽**：45㎝～

手前♂　奥♀

キフォフォルス・アルバレジィ　*Xiphophorus alvarezi*

全長：6～7㎝　**分布**：メキシコ　オスの尾びれの下部は長く伸長し、いわゆる"ソードテール"となる。体側には赤いラインがはいり、背びれにはよく目立つレッドスポットが入るのが特徴である。体色は光線の具合により美しい金属的光沢のある緑色に輝く。輸入される機会は少なく、国内で繁殖された個体が愛好家の間で取り引きされているぐらいである。美しく魅力的な種類なので、より普及が望まれる。飼育は特に難しい点もなく、本属の他種に準ずる。**水温**：23～28℃　**水質**：中性～弱アルカリ性　**水槽**：60㎝～

カダヤシ目 Cyprinodontiformes　カダヤシ科 Poeciliidae

ソードテール *Xiphophorus helleri*

全長：♂6㎝　♀6〜8㎝　**分布**：メキシコ〜グアテマラ　尾びれの下部が伸長するキフォフォルス属 *Xiphophorus* の魚は、現在総称的に"ソードテール"と呼ばれるが、もともとソードテールと呼ばれていたのは本種である。写真ような非常に多くの改良品種があり、これらの多くはどの熱帯魚店でも見られるおなじみの観賞魚である。分布は比較的広く、生息場所によって体色に差が見られる。青緑色の体に赤いストライプの入るメキシコのアトヤック川（Rio Atoyac）産の原種は、改良品種とは一味違った清楚な美しさがある。飼育・繁殖は容易であるが、オス同士の協調性は若干悪く、複数を飼育する際には広いスペースを確保してやりたい。1度子供を産んだメスが、オスに性転換することがあり、その特異な生態でも有名な魚である。**水温**：23〜28℃　**水質**：中性〜弱アルカリ性　**水槽**：45㎝〜

① メキシコ・アトヤック川産♂
② ネオン・ソードテール♂
③ ネオン・ソードテール♀
④ レッドタキシード・ソードテール♂

カダヤシ目 Cyprinodontiformes　カダヤシ科 Poeciliidae

⑤ アルビノ紅白ソードテール　上♂ 下♀
⑥ アルビノライアー・ソードテール♂
⑦ アルビノサンセット・ソードテール♂
⑧ ブルータキシード・ソードテール　上♂ 下♀
⑨ バルーン・ソードテール♂

カダヤシ目 Cyprinodontiformes　カダヤシ科 Poeciliidae

ヴァリアトゥス　*Xiphophorus variatus*

全長：♂4〜5㎝　♀5〜6㎝　**分布**：メキシコ

　ハイフィン・ヴァリアトゥスなどの改良品種が有名であるが、原種も魅力的な魚。プラティ（→ P.144）に近縁で、プラティとの交配も可能なことからさまざまな飼育品種が作られている。原種のカラーバリエーションもさまざまで、種小名の*variatus*（変化が多い。バラエティと同義）という名称の由来になっている。メキシコのソト・ラ・マリア川（Rio Soto La Marina）水系に分布する。飼育・繁殖は容易。温和でコミュニティタンクに最適の魚である。**水温**：23〜28℃　**水質**：中性〜弱アルカリ性　**水槽**：30㎝〜

① 原種♂
② 飼育品種バラエティの1つ♂
③ 飼育品種バラエティの1つ♂
④ 飼育品種バラエティの1つ♂
⑤ 飼育品種バラエティの1つ♂
⑥ ハイフィン・ヴァリアトゥス♂

カダヤシ目 Cyprinodontiformes　カダヤシ科 Poeciliidae

キフォフォルス・アンダーシィ　*Xipophorus andersi*

全長：♂3〜4cm　♀5cm　**分布**：メキシコ　メキシコのアトヤック川（Rio Atoyac）に生息するといわれる本種は、ヴァリアトゥス（→P.142）の近縁種である。ヴァリアトゥスを地味にしたような体色で、オスの尾びれには短い剣状突起がある。商業ルートに乗ることはほとんどなく、一部の愛好家がコレクション的に飼育しているのみ。飼育・繁殖はヴァリアトゥスやプラティ（→P.144）に準ずる。**水温**：20〜27℃　**水質**：中性〜弱アルカリ性　**水槽**：30cm〜

上♂　下♀

キフォフォルス・キフィディウム　*Xipophorus xiphidium*

全長：♂3cm　♀4〜5cm　**分布**：メキシコ　メキシコ・タマウリパス州のRio Soto La Marina水系に分布する。独特の丸い体系とチョッコリと小さなソードが伸びた尾びれが愛くるしく人気が高い。キフォフォルス属の中では、ソードテールやプラティなどの改良品種以外で、熱帯魚店でもっとも見かける機会が多い。いくつかのカラーバラエティがある。飼育は容易であるが、改良品種に比べるとデリケートな面がある。**水温**：20〜27℃　**水質**：中性〜弱アルカリ性　**水槽**：30cm〜

♀

カラーバラエティの1つ♂

カダヤシ目 Cyprinodontiformes　カダヤシ科 Poeciliidae

プラティ *Xiphophorus maculates*

全長：♂4〜5㎝　♀5㎝　**分布**：メキシコ〜グアテマラ　大きさも手ごろで温和なことから、多くの人に親しまれている大変ポピュラーな観賞魚である。数多くの改良品種が作られており、特に"ミッキーマウス・プラティ"と呼ばれる魚は可愛らしい模様をもつことから非常に人気が高い。改良品種の他、原種にも地域変異やさまざまなカラーバリエーションがあり、欧米ではコレクターの間で人気が高い。しかし残念なことに日本では原種はほとんど流通していない。飼育・繁殖は容易だが、原種は改良品種と比べて若干気難しいところがある。これは他の卵胎生メダカにもいえることである。**水温**：23〜28℃　**水質**：中性〜弱アルカリ性　**水槽**：45㎝〜

① メキシコ・ベラクルス州の Jamapa 川産♂
② 原種（産地不明）♂
③ ワグ・プラティ♂
④ "ミッキーマウス・プラティ"♂

カダヤシ目 Cyprinodontiformes　カダヤシ科 Poeciliidae

5 ブルーミラー・プラティ♂
6 ブルーワグ・プラティ♂
7 ヘルメット・プラティ♂
8 レッドペッパー・プラティ♂
9 タイガー・プラティ♂
10 アルビノレッド・プラティ♂
11 ピンテール・プラティ♂
12 アルビノライアー・プラティ♂
13 ヴァリアトゥス・プラティ♂（ヴァリアトゥスとの交雑種）

カダヤシ目 Cyprinodontiformes　カダヤシ科 Poeciliidae

キフォフォルス・コーチアヌス　*Xiphophorus couchianus*

全長：♂ 2～3 ㎝　♀ 3 ㎝　**分布**：メキシコ　アクストラ川（Rio Axtla）水系に分布する。名前のように大変小型で愛らしいソードテールの仲間である。美しい魚であるが、非常にデリケートな面があり、産仔数も少ないことから、通常の観賞魚ルートでの流通はほとんどない。ヨーロッパでは熱心な愛好家によって累代飼育が行われている。**水温**：20～27℃　**水質**：中性～弱アルカリ性　**水槽**：30 ㎝～

プリアペラ・インターメディア　*Priapella intermedia*

全長：♂ 3～5 ㎝　♀ 5 ㎝　**分布**：メキシコ　プリアペラ属 *Priapella* は数種からなる小さな属である。その中でも本種は比較的コンスタントにヨーロッパからブリード個体が輸入されてくるので、熱帯魚店でも見かける機会が多い。状態のよい個体は紫がかった黄色い体色をしており、アフリカンランプアイ（→ P.33）のそれと似た空色の目が輝く。水質にもうるさくなく飼育自体は難しくないが、水槽飼育では産仔数が少ない。**水温**：20～27℃　**水質**：中性～弱アルカリ性　**水槽**：45 ㎝～

カダヤシ目 Cyprinodontiformes　カダヤシ科 Poeciliidae

手前♂ 奥♀

プリアペラ・コンプレッサ *Priapella compressa*

全長：♂3〜4cm　♀5cm　**分布**：メキシコ
　インターメディア（→P.146）に似ているが、体色はオリーブ色がかった暗灰色で、鱗は金属的な輝きを放つ。やはり同様にアフリカンランプアイに似た空色の目がチャームポイントとなっている。頻繁には輸入されないが、ときどきヨーロッパよりブリード個体が輸入されてくる。飼育に関してはインターメディアに準ずる。**水温**：20〜27℃　**水質**：中性〜弱アルカリ性　**水槽**：45cm〜

プリアペラ・オルメカエ *Priapella olmecae*

全長：♂3cm　♀4cm　**分布**：メキシコ　プリアペラ属の中では比較的最近発見された種で、本属中もっとも小型。その淡い空色の体色と濃いサファイヤのような目の輝きはひと際目立つ。背びれは黄色からオレンジ色に染まる。プリアペラ属の魚はどれも日本でいえば渓流のような環境に生息しているため、新しい水を好むが、飼育自体は特別難しくはない。**水温**：20〜25℃　**水質**：中性〜弱アルカリ性　**水槽**：30cm〜

147

カダヤシ目 Cyprinodontiformes　カダヤシ科 Poeciliidae

クインタナ・アトリゾナ　*Quintana atrizona*

全長：♂2㎝　♀3㎝　**分布**：キューバ　キューバ西部に分布する。透明感ある独特の飴色の体に黒いストライプが入る可愛らしい小型種。まれにブリード個体がごく少数ヨーロッパから輸入されることがある。水質に対してデリケートで飼育は難しい。小型でおとなしいので、本種のみ単独種飼育が望ましい。**水温**：20～27℃　**水質**：中性～弱アルカリ性　**水槽**：30㎝～

メリーウィドー　*Phallichthys amates*

全長：♂3㎝　♀4～6㎝　**分布**：グアテマラ～ホンジュラス　古くから観賞魚として親しまれている卵胎生メダカの1つで、オールドホビィストには懐かしさを覚える魚であろう。メリーウィドー（Merry widow）とは"陽気な後家"という意味で、この魚が1回の交接でその後数回産仔ができることから付けられた愛称である。飼育・繁殖は原種の卵胎生メダカの中では容易な部類。名前だけがよく知れ渡っているが、最近入荷があまり見られないのが残念である。本種の亜種とされることもある *P.pittieri* という近縁種も知られている。**水温**：20～27℃　**水質**：中性～弱アルカリ性　**水槽**：45㎝～

カダヤシ目 Cyprinodontiformes　カダヤシ科 Poeciliidae

ファリクチス・フェアウエアセリィ　*Phallichthys fairweatheri*

全長：♂3cm　♀4〜5cm　**分布**：メキシコ〜グアテマラ　メリーウィドー（→P.148）と同属であるが、最近では本種のほうが見かける機会が多い。色彩は金属的光沢のある青色を基調に黄色のスポットが入るエレガントなもので、目元に入る黒いストライプがチャームポイントである。雌雄とも背びれは濃い黄色でエッジに黒が入る。飼育・繁殖は容易である。**水温**：20〜27℃　**水質**：中性〜弱アルカリ性　**水槽**：45cm〜

手前♂　奥♀

左♂　右♀

ギラルディヌス・メタリクス　*Girardinus metallicus*

全長：♂2cm　♀3〜4cm　**分布**：キューバ
　ギラルディヌス属 *Girardinus* の魚はキューバを中心に分布しており、小型種ばかりである。本種はその中でもっとも一般的な観賞魚で、原種の卵胎生メダカの中では飼育入門的な種類と位置づけられている。ブリード個体が比較的多くヨーロッパから輸入されている。一見地味な印象を受けるが、求愛行動のフィンディスプレーを行う際には、オスの咽元から腹びれにかけて濃い暗色が現れ、非常に印象的である。種小名 *metallicus* のごとく体の金属的な光沢も美しい。飼育・繁殖も容易である。**水温**：20〜27℃　**水質**：中性〜弱アルカリ性　**水槽**：30cm〜

カダヤシ目 Cyprinodontiformes　カダヤシ科 Poeciliidae

ギラルディヌス・ミクロダクティルス　*Girardinus microdactylus*

全長：♂4㎝　♀5～6㎝　**分布**：メキシコ　一見メタリクス(→P.149)に似ているが、体側に不規則な縞模様が入ることで区別ができる。性質は他のギラルディヌス属の魚と同じである。本来の生息地は山間部の渓流域といわれており、飼育でも新鮮な水を好む。小型だが、飼育の際には1匹あたりのスペースをとってやりたい魚で、あまり密に飼うとストレスで調子を崩しやすい。**水温**：20～27℃　**水質**：中性～弱アルカリ性　**水槽**：45㎝～

♀

ギラルディヌス・ファルカトゥス　*Girardinus falcatus*

全長：♂4㎝　♀5～6㎝　**分布**：キューバ　メタリクス(→P.149)に似るが、やや大型である。やや透明感のある体に、ランダムに金属的光沢のある銀色の斑紋が浮かび上がる。色彩が地味なせいかあまり入荷はないが、ときどきブリード個体がヨーロッパより輸入される。飼育・繁殖はメタリクスに準じ、容易である。**水温**：20～27℃　**水質**：中性～弱アルカリ性　**水槽**：30㎝～

♀

カダヤシ目 Cyprinodontiformes　カダヤシ科 Poeciliidae

ドワーフ・モスキートフィッシュ　*Heterandria formosa*

全長：♂2㎝　♀3㎝　**分布**：アメリカ合衆国　古くから観賞魚として親しまれてきた原種の卵胎生メダカの1つである。フロリダ州など亜熱帯域に分布するため、他種と比べ低温にも耐性がある。茶褐色のまだらの入るあまり派手な魚ではないが、動きは愛くるしく、この魚のファンは多い。国産のブリード個体が比較的コンスタントに出回っている他、最近ゴールデン個体も作出されている。飼育は容易であるが、上手に累代飼育させている愛好家は意外に少ない。小さい魚なので単独種飼育が望ましい。**水温**：20～27℃　**水質**：中性～弱アルカリ性　**水槽**：30㎝～

プセウドキフォフォルス・ビマクラータ　*Pseudoxiphophorus bimaculata*

全長：♂5～7㎝　♀10～12㎝　**分布**：メキシコ、ベリーズ、ホンジュラス、グアテマラ　本種はドワーフ・モスキートフィッシュと同属とされることもあるが、メスは10㎝を超える。種小名 *bimaculata* の由来となった尾柄部の眼状斑がポイントとなり、黒く縁取られた鱗は光線の加減でキラキラと虹彩色に輝く。飼育そのものは容易であるが、大型かつ活動的な魚であるため、大きめの水槽が必要。また気性も荒い。**水温**：20～27℃　**水質**：弱アルカリ性　**水槽**：60㎝～

カダヤシ目 Cyprinodontiformes　カダヤシ科 Poeciliidae

ネオヘテランドリア・エレガンス　*Neoheterandria elegans*

全長：♂2cm　♀3cm　**分布**：コロンビア
魅力ある色彩をもつ小型種。オレンジ色がかった輝く金色の体に黒いストライプが入る。光線の加減では、薄すらと紫色をおびたような色彩に変化する。本種はワイルド個体、ブリード個体ともに、原種の卵胎生メダカの中では比較的入荷する機会が多いので、こまめに熱帯魚店に通っていれば入手のチャンスがあるだろう。飼育は特に難しいことはないが、小型なので単独種飼育が望まれる。**水温**：20〜27℃　**水質**：中性〜弱アルカリ性　**水槽**：30cm〜

ネオヘテランドリア・カナ　*Neoheterandria cana*

全長：♂2cm　♀3cm　**分布**：パナマ　エレガンスと同属の小型種であるが、こちらは商業ルートに乗ることはほとんどなく、入手は難しいだろう。透明感のあるオリーブ色の体にランダムにストライプが入り、アフリカンランプアイ（→P.33）のように美しく輝く瞳がチャームポイントである。飼育自体はエレガンスと同様に難しくない。**水温**：20〜27℃　**水質**：中性〜弱アルカリ性　**水槽**：30cm〜

カダヤシ目 Cyprinodontiformes　カダヤシ科 Poeciliidae

ポエキリオプシス・グラキリスと思われる魚　*Poeciliopsis* sp. cf. *gracilis*

全長：♂4㎝　♀5～6㎝　**分布**：メキシコ

ポエキリオプシス属 *Poeciliopsis* の魚はどれも外見が似ているため識別が難しい。この魚は *gracilis* 種と思われるが、記載文献に載っている魚よりも体の斑紋が1個多い。地域変異の可能性もあるが、ここでは cf. *gracilis*（おそらくグラキリスであろうという意）としておく。まれにヨーロッパからブリード個体が入荷するが、見かける機会はそう多くないだろう。飼育・繁殖は容易な部類である。

水温：20～27℃　**水質**：中性～弱アルカリ性　**水槽**：30㎝～

ブラキラフィス・ロゼニィ　*Brachyrhaphys roseni*

全長：♂4㎝　♀5～6㎝　**分布**：コスタリカ～パナマ　ブラキラフィス属 *Brachyrhaphys* の魚は、地味な体色の魚が多い原種の卵胎生メダカの中では大変カラフルな虹彩色をしている。本種は種小名 *roseni*（バラのようなという意）のとおり、各ひれは鮮やかな紅色に染まり、黒色の縁取りが入る美種である。まれに商業ルートでまとまって入荷することがあるが、入荷量は少ないので、見る機会は多くないだろう。やや性質が荒く、また水質の変化に大変デリケートなので、飼育は難しい。落ち着いた環境を好むため、大型の水草を多く植えた水槽での飼育が適している。

水温：20～27℃　**水質**：中性～弱アルカリ性　**水槽**：45㎝～

カダヤシ目 Cyprinodontiformes　カダヤシ科 Poeciliidae

ブラキラフィス・エピスコピィ　*Brachyrhaphys episcopi*

全長：♂3㎝　♀5㎝　**分布**：ベネズエラ
ロゼニィ（→P.153）と同様にカラフルな体色の魚であるが、少し小型。本属の魚は、メスもオス同様にカラフルな色彩をしている。本種も少数であるがまれに商業ルートでの輸入があるので、入手の際にはチャンスを逃さないようにしたい。水質の変化にうるさく、協調性に欠ける点から、飼育は難しい。**水温**：20～27℃　**水質**：中性～弱アルカリ性　**水槽**：45㎝～

フレキシペニス・ビッタートゥス　*Flexipenis vittatus*

全長：♂3㎝　♀5㎝　**分布**：メキシコ　メキシコ・ベラクルス州原産の小型種。空色を基調にした体に側線に沿って黒色のストライプが入り、背びれが檸檬色に染まるというお洒落な魚である。以前は東南アジアブリードの個体が比較的コンスタントに入荷していたが、最近はあまり見かけないのが残念である。飼育・繁殖が容易であるばかりでなく、色彩的にも魅力的なところから、ぜひ普及してもらいたい魚である。**水温**：20～27℃　**水質**：中性～弱アルカリ性　**水槽**：30㎝～

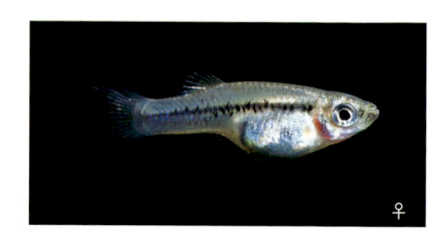

カダヤシ目 Cyprinodontiformes　カダヤシ科 Poeciliidae

ゼノファルス・ウンブラティリス　*Xenophallus umbratilis*

全長：♂3㎝　♀4㎝　**分布**：コスタリカ
黄色味をおびた透明感のある体と背びれの黒色が魅力的な小型種。商業レベルでの輸入はなされていないようで、ブリード個体がまれにプライベートルートで流通する程度である。見た目のとおり、若干デリケートな種類で、餌食いも細いため、単独種飼育が適している。飼育・繁殖はさほど難しくない。**水温**：20〜27℃　**水質**：中性〜弱アルカリ性　**水槽**：30㎝〜

カールフブシア・スチワーティ　*Carlhubbsia stuarti*

全長：♂3㎝　♀4㎝　**分布**：グアテマラ　メリーウィドー（→P.148）に似た体高のある体をもつ。金属質のような透明感のある体色が美しく、そこに細い暗色のストライプがアクセントとして入る。商業ベースでの入荷は少なく、入手は難しい。やや臆病で気難しく、飼育は難しい部類に属する。単独種飼育が適している。**水温**：20〜27℃　**水質**：中性〜弱アルカリ性　**水槽**：30㎝〜

カダヤシ目 Cyprinodontiformes　カダヤシ科 Poeciliidae

アルファロ・クルトラートゥス　*Alfaro cultratus*

全長：♂6〜7㎝　♀10㎝　**分布**：コスタリカ、パナマ、ニカラグア　オスの尻びれ後部から尾びれにかけてステーキナイフの刃のようなギザギザが入ることから"ナイフ・ライブベアラー"とも呼ばれるポピュラー種。体側は雌雄とも光線の具合により金属的光沢のある青色に輝き、涼しげな印象である。ブリード個体が比較的コンスタントに輸入されているので、入手は難しくないだろう。10㎝近くに成長する中型種であるが、群泳を好み協調性は悪くない。飼育・繁殖は容易である。**水温**：20〜27℃　**水質**：中性〜弱アルカリ性　**水槽**：60㎝〜

アルファロ・ヒュベリィ　*Alfaro huberi*

全長：♂6〜7㎝　♀10㎝　**分布**：グアテマラ、ホンジュラス、ニカラグア　体型や大きさなどはクルトラートゥスに似るが、体色はカーキ色に不規則な暗色のスポットが入る独特のものである。入荷はコンスタントではなく、見かける機会は少ない。クルトラートゥスに比べるとデリケートで、飼育には一癖ある。**水温**：20〜27℃　**水質**：中性〜弱アルカリ性　**水槽**：60㎝〜

カダヤシ目 Cyprinodontiformes　カダヤシ科 Poeciliidae

ガンブシア・プンクティクラータ　*Gambusia puncticulata*

全長：♂3〜4㎝　♀7〜8㎝　**分布**：キューバ　ガンブシア属 *Gambusia* の中では中型。協調性はあまりよいとはいえず、飼育には比較的広いスペースが必要である。飼い込んだ個体は、灰色の体色から輝くような青色が滲み出すようにして体表を被い、さらに腹部には明るい色調のマスタードイエローがのり、見応えのある魚となる。飼育には新しめの水と、緩い水流が必要。どちらかというと弱アルカリ性の水を好むアフリカ産シクリッドを飼うような水環境が向いている。**水温**：20〜27℃　**水質**：中性〜弱アルカリ性　**水槽**：45㎝〜

ガンブシア・レガニ　*Gambusia regain*

全長：♂3〜4㎝　♀5㎝　**分布**：メキシコ　ガンブシア属の中でも比較的珍しく、現地でも減少傾向にあるという。明るい黄色がかった透明な体色の上に独特の縦縞が入り、清楚な美しさをもつ。生息地は比較的流れのある細流や、それにつながる池沼などであるといわれている。飼育自体は難しくないが、この仲間にしては珍しく臆病な性質をもつことから、できれば本種のみの単独飼育をお勧めする。**水温**：20〜27℃　**水質**：中性〜弱アルカリ性　**水槽**：30㎝〜

157

カダヤシ目 Cyprinodontiformes　カダヤシ科 Poeciliidae

ガンブシア・ホルブローキ　*Gambusia holbrooki*

全長：♂2〜3cm　♀4〜5cm　**分布**：アメリカ合衆国南部（大西洋岸）〜メキシコ北部　カダヤシの亜種とされることもあるが、体色が大きく異なっている。体表にはマーブル・モーリーのような不規則なマダラ模様が見られるが、模様の入り方はまちまちで、漆黒に近いようなものも見られる。亜熱帯性の種類なので、室内であれば無加温での越冬も可能である。飼育は容易。国内でも繁殖維持されており、この仲間としては比較的入手が容易である。**水温**：15〜27℃　**水質**：中性〜弱アルカリ性　**水槽**：30cm〜

カダヤシ　*Gambusia affinis*

全長：♂2〜3cm　♀3〜4cm　**分布**：北米南部〜中米　グッピーなどと並んでマラリアの駆逐のために世界各地に放流されている。カダヤシという名前からも想像がつくようにボウフラを好んで採食するが、飼育下では雑食性。分布は純淡水域から汽水域、内海と適応性が高く、温帯域にも進出していることからも判るように、温度に対する適応幅も広い。日本では現在、特定外来生物に指定され、原則として飼育が禁止されているので注意が必要である。**水温**：15〜27℃　**水質**：中性〜弱アルカリ性　**水槽**：30cm〜

カダヤシ目 Cyprinodontiformes　カダヤシ科 Poeciliidae

上♂ 下♀

ベロネソックス・ベリザヌス　*Belonesox belizanus*

全長：♂ 12〜14㎝　♀ 20㎝以上　**分布**：中米熱帯域（大西洋岸）　メダカは温和な小型種が多いが、本種は異色の魚食魚で、カマスのような体型をした大型種である。メスは 20㎝以上に成長するものもいる。古くから人気があり、季節的に輸入される野生個体の成魚と、国内外でブリードされた幼魚の双方が流通する。獰猛なイメージがあるが、活発な魚ではなく、むしろ臆病なところがある。飼育そのものは難しくないが、魚食性なので他魚との飼育は避けたい。同種でも大きさの異なるものは同居できないが、同じ大きさのもの同士での協調性は悪くない。繁殖も容易で、ほぼ1ヶ月周期で産仔する。稚魚に与える生餌がコンスタントに確保できることが育成のための条件となる。**水温**：20〜27℃　**水質**：中性〜弱アルカリ性　**水槽**：60㎝〜

幼魚

グッピーを捕食する若い個体

159

カダヤシ目 Cyprinodontiformes　ヨツメウオ科 Anablepidae

ジェニシア・リネアータ　*Jenysia lineata*

全長：♂ 4〜5㎝　♀ 10㎝前後
分布：ブラジル南部、アルゼンチン、ウルグアイ、パラグアイ　本種はカダヤシ科の魚とは科の異なる1属1種の特殊な卵胎生メダカである。体形はどことなくコイ科魚類を思わせるものがあり、線状に細かいスポットが体側に並んでいる。飼育はそれほど難しくないが、スペースを広めに取り、本種だけで飼育したい。丈夫な魚であるが、一度罹病すると治しづらい面がある。徐々に慣らせばそうでもないが、25℃を越すような高水温に弱い面がある。藻類の発生したいわゆる青水のような環境で飼育すると体調がよいといわれている。産仔数は 20〜30 と少ないが、産まれた稚魚は 1㎝以上もある。**水温**：20〜23℃
水質：中性〜弱アルカリ性　**水槽**：60㎝〜

ヨツメウオ（フォーアイ・フィッシュ）　*Anableps anableps*

全長：15〜25㎝　**分布**：南米大西洋岸（オリノコ水系からアマゾン水系にわたる河口、沿岸域）　世界的な珍魚として有名で、目が水中と水上両用に中央で2つに区切られており、4つの目に見えるところからこの名がある。またオスの生殖器に右利き、左利き、のようなものがあり、これに対してメスの生殖口にも左向きと右向きがあるという変わり者だ。アナブレプス属 *Anableps* には3種が知られているが、観賞魚として入荷するのは本種がほとんどである。現地では汽水域に群れで生息している。水棲のカビ類に対して感受性が高く、また慣れるまでは水質に神経質なため、海水に近い塩分濃度で飼育したほうが上手くいく場合がある。飼育下では、テリトリー性が強く、複数を飼育する際には相当広い面積を必要とする。餌はエビ類などを好むが、野生下で落下物を主に食べている関係から、水面に浮いた餌を好む傾向がある。乾燥クリルなどがよい餌である。**水温**：23〜28℃　**水質**：弱アルカリ性　**水槽**：60㎝〜

世界のメダカたち
Profile-4

真胎生メダカ(グーデアの仲間)

グーデア科の魚は、卵胎生メダカと異なり、子供が母体の腹腔内で臍の緒を介して栄養の供給を受けるという際立った特徴がある。哺乳類のそれとはまったく同じではないものの、システムはまさに真の胎生であることから、真胎生メダカと呼ばれている。この仲間は、卵胎生メダカと比べ全般的に1回の産仔数が非常に少なく、商業レベルでの繁殖が難しいため、観賞魚として一般的な種類は極めて少ないのが現状だ。また、生息地の水質汚染や環境破壊によって個体数が減り、絶滅が危惧されているものも多い。そのため、流通する魚の多くは、ブリード個体である。なお、グーデア科魚類に総称的に用いられる"ハイランドカープ"とは、同科の多くの種が高地に生息し、コイ科魚類に似た体型をしていることに由来する。

カラコドン・ラテラリス♂(P.168 とは別のタイプ)

カダヤシ目 Cyprinodontiformes　グーデア科 Goodeidae

古くから知られているタイプ♂

サン・マルコス産♂

古くから知られているタイプ♀

サン・マルコス産♀

ハイランドカープ　*Xenotoca eiseni*

全長：♂3〜4㎝　♀5〜6㎝　**分布**：メキシコ中央高原　本種はグーデア科の中では観賞魚としてもっとも古くから知られ、親しまれてきた。オスの体色は、オレンジ色、青色、金色とカラフルな配色である。数年前に観賞魚として導入されて以来、人気が高いサン・マルコス（San Marcos）産の個体は、金属的光沢のあるよりカラフルな体色を有する。最近ではむしろこちらの方が流通している。飼育は容易であるが、1回の産仔数は20〜40と、卵胎生メダカの仲間に比べると少ない。高水温には弱いので、夏場の飼育には注意が必要。**水温**：20〜25℃　**水質**：弱アルカリ性　**水槽**：45㎝〜

カダヤシ目 Cyprinodontiformes　　グーデア科 Goodeidae

手前♂　奥♀

ゼノトカ・ヴァリアータ　*Xenotoca variata*

全長：5〜6㎝　**分布**：メキシコ高原　本種はハイランドカープ（→P.162）と同属ではあるが、かなり外見は異なり、銀灰色の色彩の上に不規則なマーブル模様の入る地味な魚である。生息地は藻類の繁茂したクリークのようなところで、飼育その他はハイランドカープに準じ、このグループでは飼育しやすいといえる。水温に対しても適応力がある。**水温**：20〜25℃　**水質**：弱アルカリ性　**水槽**：45㎝〜

別タイプ♂

ゼノタエニア・レソラナエ　*Xenotaenia resolanae*

全長：4〜5㎝　**分布**：メキシコ・レソラナ川　独特の細かいスポットが鱗全体にのり、背面部は銀褐色、腹部は黄色っぽい色彩をしている。本種も、グーデアの仲間としては比較的飼育の容易な部類に属する。また協調性も悪くない。生息環境はサバンナの中を流れる小川のような環境といわれ、水温も28℃位まで耐え、一般的な熱帯魚と同様に飼育することができる。**水温**：20〜28℃　**水質**：中性〜弱アルカリ性　**水槽**：45㎝〜

♀

カダヤシ目 Cyprinodontiformes　グーデア科 Goodeidae

アメカ・スプレンデンス　*Ameca splendens*

全長：♂7〜8cm　♀10cm　**分布**：メキシコ　ハイランドカープ（→ P.162）と並んで古くから飼育されているが、色彩が地味なためか、観賞魚としてあまり普及していない。とはいえ、硬度の高い水質と広いスペースで飼育すると、銀色の体に濃い藍色の斑が現れ、さらに各ひれは濃いサフラン色に染まり、大変美しい魚となる。しかし、この色彩を水槽内で見ることは難しい。飼育・繁殖そのものは容易であり、ハイランドカープと並んで真胎生メダカ飼育の入門魚といえる。**水温**：20〜25℃　**水質**：弱アルカリ性　**水槽**：60cm〜

アタエニオビウス・トウエリィ　*Ataeniobius toweri*

全長：♂4〜5cm　♀6cm　**分布**：メキシコ高原　ハイランドカープ（→ P.162）やアメカ・スプレンデンスに比べるとやや細身の体形をしている。オリーブ色がかった地味な体色だが、状態によって青緑色に輝き、独特の美しさを見せる。輸入量は少なく、見る機会が多いとはいえない。臆病で餌食いも細く、デリケートな魚である。非常に清涼な水を好むため、亜硝酸濃度を低く抑えることが飼育のポイントとなる。**水温**：20〜25℃　**水質**：弱アルカリ性　**水槽**：45cm〜

カダヤシ目 Cyprinodontiformes　　グーデア科 Goodeidae

スキフィア・ムルティプンクタータ　*Skiffia multipunctata*

全長：♂4〜5cm　♀6cm　**分布**：メキシコ高原　滑らかな銀色の体には不規則なマーブル模様が入り、背びれや腹びれがハイフィン状に伸びる印象的な魚である。スキフィア属 *Skiffia* は数種が知られているが、現在通常の観賞魚ルートで輸入されるのは本種のみのようである。だが、本種に関しても入荷はまれで、入手は容易でない。可愛らしい印象であるが、同種間の協調性が悪く、飼育は難しいほうだ。**水温**：20〜25℃　**水質**：弱アルカリ性　**水槽**：45cm〜

スキフィア・ビリネアータ　*Skiffia bilineata*

全長：♂4〜5cm　♀6cm　**分布**：メキシコ高原　ムルティプンクタータに似ているが、体形はやや細身である。2本のライン（bilinear）が体側に入ることが種小名 *bilineata* の由来であるが、そのラインはいまひとつはっきりしない。一見地味な魚であるが、光の加減で体がキラキラと輝く。以前は商業的な輸入があったが、最近はほとんど見られなくなってしまった。飼育・繁殖はムルティプンクタータに準ずる。**水温**：20〜25℃　**水質**：弱アルカリ性　**水槽**：45cm〜

カダヤシ目 Cyprinodontiformes　グーデア科 Goodeidae

スキフィア・レルマエ *Skiffia lermae*

全長：3〜5㎝　**分布**：メキシコ高原　スキフィア属の魚は背びれと腹びれが伸長した独特のフォルムが愛くるしく、グーデア類では人気がある。しかし、その姿とは裏腹に非常に闘争性が高く、飼育の際にはテリトリーをもてるように充分なスペースをとってやりたい。本種は国内で繁殖もされ、見かける機会が増えてきている。極度な高温にしなければさほど問題はないが、高地産のグーデアの常として、なるべく涼しい飼育環境を用意してやりたい。**水温**：20〜25℃　**水質**：弱アルカリ性　**水槽**：45㎝〜

ズーゴネティクス・テキーラ *Zoogoneticus tequila*

全長：♂3〜4㎝　♀5㎝　**分布**：メキシコ高原　体には独特の模様が入り、これが気分や状態によって変化する様が興味深い。黄色い尾びれもよいアクセントになっている。テキーラ *tequila* という種小名がいかにもメキシコ的である。比較的コンスタントにブリード個体がヨーロッパより送られてくる。飼育も容易で、水質にもそれほどうるさくない。**水温**：20〜25℃　**水質**：弱アルカリ性　**水槽**：45㎝〜

カダヤシ目 Cyprinodontiformes　グーデア科 Goodeidae

イリオドン・ザントゥシィ　*Ilyodon xantusi*

全長：♂7〜8㎝　♀10㎝　**分布**：メキシコ高原　イリオドン属 *Ilyodon* は中〜大型種が多く、数種が知られるが、ブリード個体が商業的に流通しているのは、ほとんどが本種。闘争性が強く、愛好家も敬遠気味で、あまり飼育されることがない。だが、状態がよいときの各ひれは大変美しい黄色に染まり、また体も黄色みがかる。飼育・繁殖は比較的容易だが、水槽はやや大きめがよい。**水温**：20〜25℃　**水質**：弱アルカリ性　**水槽**：60㎝〜

上♂　下♀

イリオドン・ホワイティ　*Ilyodon whitei*

全長：6〜7㎝　**分布**：メキシコ中央高原　イリオドン属の特徴であるやや細身の体型をしており、体側には雌雄ともに暗色のラインがはしる。オスの尾びれには不規則な暗色斑がはいる。色彩的にはパッとしないが、状態がよいとオスの体側後半部は美しい黄色に染まる。高水温に注意すれば飼育は難しくないが、やや気性の荒い面があり、ペア飼育時にはメスがオスに追われた際に逃げることができる十分なスペースを確保したい。**水温**：20〜25℃　**水質**：弱アルカリ性　**水槽**：60㎝〜

カダヤシ目 Cyprinodontiformes　グーデア科 Goodeidae

カラコドン・ラテラリス　*Characodon lateralis*

全長：♂4〜5㎝　♀6㎝　**分布**：メキシコ高原　カーキ色の地色に黒い斑紋を体表に表し、各ひれが臙脂色に染まる美しい魚である。婚姻色を呈したオスは、体が派手なワインレッド色に輝く。P.161のような体色の異なるいくつかの地域変異が知られている。ブリード個体がまれにヨーロッパより入荷する。その美しさから、愛好家の間ではこのグループの最高峰的存在として人気が高いが、飼育は相当難しい。グーデア科全体にいえることだが、彼らの生息地は熱帯域といえども標高が高く、高水温には非常に弱い。飼育の際には、夏の高水温が一番の課題である。また水質を清浄に保ち、亜硝酸濃度を低く抑えた、硬度の高い水質が望ましい。**水温**：20〜25℃　**水質**：弱アルカリ性　**水槽**：45㎝〜

カラコドン・アウダックス　*Characodon audax*

全長：♂3〜4㎝　♀5㎝　**分布**：メキシコ高原　比較的最近記載された種で、銀色の金属的光沢のある体と黒く染まった各ひれをもち、どこかパンダのような面持ちがある。ラテラリスと比べると飼育は容易であるが、高水温に弱い点は同じである。**水温**：20〜25℃　**水質**：弱アルカリ性　**水槽**：45㎝〜

カダヤシ目 Cyprinodontiformes　グーデア科 Goodeidae

アロドンティクティス・フブシィ　*Allodontichthis fubbsi*

全長：5〜6㎝　**分布**：メキシコ西南部　アロドンティクティス属 *Allodontichthis* の中ではもっとも最近発見された種である。茶色がかった銀灰色の体表に不規則な縞模様が入り、地味であるが落ち着いた美しさがある。本種も含め本属の魚は同種間においても闘争性が非常に強いため、相当広いスペースでテリトリーがもてるような環境で飼育をしなくてはならない。高地産のグーデア類の常で高温に弱い。**水温**：18〜23℃ **水質**：弱アルカリ性 **水槽**：60㎝〜

アロファルス・ロブストゥス　*Alloophorus robustus*

全長：♂6〜8㎝　♀17㎝以上　**分布**：メキシコ高原　アロファルス属 *Alloophorus* の魚は、数あるグーデア類の中でも特に大きく成長する。本種はどことなくパーチに似た独特の風貌をしており、その外見からもうかがえるように、相当にアグレッシブであり、水槽は大きなものを用意し、ゆったりと飼育しなくてはならない。それ以外は、他の高地産のグーデアの仲間に準じた飼育でよいが、観賞魚としてはまだ知見に乏しい魚といえる。**水温**：20〜25℃ **水質**：弱アルカリ性 **水槽**：75㎝〜

169

カダヤシ目 Cyprinodontiformes　グーデア科 Goodeidae

アロトカ・ドゥゲシィ　*Allotoca dugesi*

全長：6cm　**分布**：メキシコ中央部　丸みをおびた体形が特徴で、成長したオスは光線の角度により金属的光沢のある美しい体色を見せる。メスの色彩にも独特であり、腹部に横縞がはいり、腹部下側は状態によって黒く染まる。あまり輸入の機会はなく、国内に導入された魚の繁殖個体がまれに出回る程度である。飼育は難しくないが、気難しい点もあり累代繁殖は容易でない。飼育にはやや低めの水温が適しており、夏場の高水温には注意が必要。アロトカ属 Allotoca は他に *A.maculata* が知られている。**水温**：20〜25℃　**水質**：弱アルカリ性　**水槽**：45cm〜

クレニクティス・バイレイィ　*Crenichthys baileyi*

全長：8〜10cm　**分布**：メキシコ中央部　他のグーデア類と比べて若干鼻先が尖ったような印象を受ける。茶色の基調色の上に側線に沿って太い縦縞が入る。しかし、体調がよいオスでは、体色はどこか爬虫類的なマラカイトグリーンに変化して大変魅力的なものとなる。ややデリケートで、飼育は難しいが、それを補ってもぜひ飼育してみたい種の1つである。飼育は高地産のグーデア類一般に準ずるが、特に清浄な水質を心がけたい。本種には写真の模式亜種 *C.baileyi baileyi* の他に *C.b.abivalis*、*C.b.qrandis*、*C.b.moapae*、*C.b.thermophilus* などの亜種も知られている。**水温**：18〜23℃　**水質**：弱アルカリ性　**水槽**：60cm〜

カダヤシ目 Cyprinodontiformes　グーデア科 Goodeidae

上♀ 下♂

カパリクティス・パルダリス　*Chapalichthys pardalis*

全長：5〜6cm　**分布**：メキシコ高原　カパリクティス属の魚は金属的光沢のある銀白色の地にブラックスポットが入る体色をもつ。グーデア類の多くと同様、メキシコ高地独特の草原地帯を流れる細流やそれに連なる湖のような場所に生息している。水温は25℃ぐらいを上限とし、水草のよく繁茂した水槽で飼育するとよい。急激な水換えは好ましくない。産仔数が極端に少ない（10〜12匹）のも特徴の1つといえるだろう。**水温**：20〜25℃　**水質**：弱アルカリ性　**水槽**：60cm〜

Column　臍(へそ)の緒をもつ魚

　臍の緒というとお母さんと赤ちゃんを繋いでいるもので、出産後は乾燥させて桐の箱に入れて大事に保存しておくというのが古い日本の風習であった。この臍の緒が魚にもあると聞くと、大抵の方は驚かれるに違いない。それは魚は卵を産む動物という先入観があり、臍の緒は哺乳類のように子供を産む動物がもつものと考えているからだろう。

　ところが魚の中には、親の体内で臍の緒を通じて栄養の供給を受けるものが少なからず存在する。その代表がグーデア科の魚である。彼らは雌雄が交接した後、体内で卵が受精し発生を進める。その際に臍の緒が発達し、母

ハイランド・カープの仔魚の臍の緒。胸びれと尻びれの間にぶら下がっている

体から栄養をもらい、普通の魚よりも大きく発達した段階で産み出されるのだ。産み出された仔魚には臍の緒がぶら下がっており、その形状は種類ごとに異なる。仔魚の臍の緒は急速に体内へ吸収されてしまい、2日もすると見えなくなってしまう。

メダカの飼育と繁殖

1. メダカの仲間 (オリジアスの仲間)

該当する種類 → P.10 〜 22

飼育

　オリジアスの仲間は、サイズや形態もバラエティに富んでいるが、飼育に関しては、どの種類もほぼ同じで構わない。

　1ペアだけを飼育するのであれば、10 〜 15ℓ (30 〜 36㎝水槽) ぐらいの小型水槽でも十分可能であるが、この仲間は群れを好み、種類によっては、そうして泳がせたほうが見栄えがする。その場合、他の熱帯魚と同じように50ℓ (60㎝) ぐらいの水槽での飼育が好ましい。フィルターは飼育スタイルに応じて適した製品を選べばよい。

　水槽には砂利を敷いて、流木や岩などの飾りを設置し、水草を植えるという通常の熱帯魚飼育とまったく同じスタイルでよいだろう。

　水質は、中性から弱アルカリ性の新しめの水が適している。特にスラウェシ島産の種類はやや高めのpHと硬度の高い水を好む傾向がある。ジャワメダカ (→ P.45) やセレベスメダカ (→ P.45) など沿岸域に生息する種類は、少し塩分を加えた水を好む。

　日本のメダカのように温帯域に生息する種類は、冬季でも加温をせずに飼育できるが、熱帯産の種類は水温を22 〜 27℃ぐらいに保ってやる。

　餌は人工飼料、生き餌と何でもよく食べるので手がかからない。口が上を向いており水面に浮かんだ餌が食べやすいので、浮上性の人工飼料が適している。

繁殖

　成熟した雌雄がいれば、繁殖はどの種類もそう難しくない。別に繁殖用の水槽を用意する必要はなく、飼育水槽で繁殖まで楽しめる。

　産卵は多くの卵生メダカと同様に、オスがメスを背びれと尻びれで抱くようにして行われる。他の卵生メダカ類と異なるのは、産卵された卵が房状になってしばらくメスの腹部に付着している点である。この卵は間もなくメスによって水草の茂みなどに付着させられる。卵には粘着糸があり、水草にしっかりと付着する。見つけ次第、他の容器などに移していけば、親に食べられることなく、効率的に殖やすことができる。

　水温などの状況により多少異なってくるが、しばらく経つと卵の内部には眼がはっきり見えるようになり、大体10 〜 14日程度で孵化する。孵化した稚魚は水面近くに浮かんでいることが多く、インフゾリア (ゾウリムシなどの単細胞生物) や人工飼料を細かくした微細な餌を好む。孵化から数日が経過するとブラインシュリ

ンプ幼生を食べることができるようになり、こうなると歩留まりもよくなって、その後は安心である。

　種類にもよるが、3〜5ヶ月もすれば雌雄の区別がつくようになるだろう。

ヒメダカの繁殖。① 産卵（手前が♂）
② 卵を抱く♀　③ 水草に付着した卵

2. ランプアイの仲間

飼育

該当する種類→P.24〜37

　一口にランプアイの仲間といっても、多くの属の魚が含まれている。多少飼育や繁殖方法は異なるが、ここでは概略を解説していこう。

　小型の種類であれば、10〜15ℓの水槽で1ペアを飼育することができる。ただし、やや大型で遊泳力の強い種類の場合、小さい水槽では吻端をぶつけて傷付きやすいので、通常の熱帯魚飼育のように50ℓ以上の水槽での飼育が望ましい。またこの仲間は群れでの遊泳が魅力でもあるので、そういった点でも大型水槽のほうが見栄えがよい。フィルターは飼育水槽の大きさや飼育スタイルにより、適した製品を選べばよいだろう。飼育の際に強い水流を好まないアフィオセミオンなどの魚に対して、この仲間は水流を好む傾向があるので、緩く水流のできるフィルターが適している。

　飼育のセットは通常の熱帯魚のようなスタイルと、ベアタンクに水草だけという2つのスタイルがある。飼育中心なのか、繁殖まで狙うのかで、決めればよいだろう。

　この仲間の飼育には、古くなった水よりも、やや新しめの弱酸性から中性前後の水質が適している。そのため、定期的な水換えは欠かせない。

　餌は生き餌だけでなく人工飼料も

選り好みすることなく食べるので手間はかからない。水面に浮かんだ餌を好む傾向があるので、浮上性の餌を選んで与えたい。

繁殖

この仲間には2タイプの繁殖生態が知られている。1つは通常の卵生メダカ同様に、水草の茂みに1つずつ卵を産みつけるタイプで、もうひとつは流木の裂け目や水草の根の間などの隙間を選んで卵を産みつけるクラック・スポウナーと呼ばれるタイプである。後者の繁殖生態をもつのはプロカトーパス属やプラタプロキルス属の魚である。

この仲間は特に繁殖用水槽を用意しなくても、飼育水槽で繁殖まで楽しむことができる。効率よく繁殖を行うためには、ベアタンクにフィルターをセットし、水草を浮かべただけのセットでも十分である。クラックスポウナーの魚たちはスポンジフィルターのスポンジや流木の裂け目などに好んで産卵する傾向があるので、産卵床ごと定期的に別水槽に移動させるとよい。

産卵された卵は約10日前後で発生が進み孵化する。孵化した稚魚の大きさは種類により異なり、最初からブラインシュリンプを食べることができる大きいサイズ、その半分ほどの小さいサイズなどさまざまである。小さい稚魚ほど育成が難しくなる。うまく育てば4～6ヶ月で繁殖可能なサイズまで成長する。

プロカトーパス・アベランスの繁殖。 ① ペア（上♂ 下♀） ②③ 産卵の瞬間 ④ 流木の裂け目に産みつけられた卵

3. アフィオセミオンの仲間

飼育

該当する種類→ P.37〜61

アフィオセミオンの仲間の飼育は、種類により難易度は大きく異なるが、注意点などは共通している。

飼育に使用する水槽はブルーグラリス(→P.41)などの大型種を除けば、10〜15ℓ程度の小型水槽で十分である。フィルターはスポンジフィルターや投げ込み式などを使用し、緩く動かす程度がよい。ジャンプ力が強い種類が多いので、水槽には必ずきっちりと蓋をしよう。水槽には通常の熱帯魚飼育のように砂利を敷いてもよいが、水質を弱酸性に保ち、産卵床ともなる繊維状のピートモスを使用すると、より魚の調子はよいだろう。

水質はほとんどの魚が弱酸性の軟水を好むので、各種ウォーターコンディショナーやピートモスなどを使用して調整を行う。水温は種類により異なるが、多くは20〜25℃とやや低めを好み、高水温では調子を崩す種類も多いので、特に夏場は注意したい。

餌はアカムシやイトミミズ、ミジンコ、ブラインシュリンプなどの生き餌を好むが、冷凍アカムシなどで代用も可能である。人工飼料にも慣れるが、水質を悪化させる残餌に注意が必要。

繁殖

アフィオセミオンに代表される熱帯雨林の中の細流に生息するような種類は、1年中水がある環境なので、卵を休眠させる必要はない。

小型種の場合、繁殖用水槽は、10〜15ℓのケースで十分である。そこにスポンジフィルターをセットし、緩やかにエアーを送るだけにしておく。

水槽の底には、底面積の1/3〜1/2に厚さ2cmぐらい産卵床ともなるピートモスを敷く。ウォータースプライトのような浮き草を水面に浮かべておけば、その根もよい産卵場所となる。ウィローモスなどもよい産卵床となるだろう。

繁殖用水槽には、ペアを導入する。すでに成熟している魚であれば、落ち着くと産卵行動を始めるだろう。産卵行動は、オスがメスを産卵場所に誘い、背びれと尻びれで抱き、離れる瞬間に産卵する。産卵行動は主に朝と夕方に行われる。産卵はほぼ毎日続き、1週間で数十個の卵を産む。親の好みにより、卵は底に敷いたピートモスや浮き草の根に産みつけられる。

産卵した卵を定期的に別の容器に

ゴールデン・ライアーテール。一般的な観賞魚店でも扱われ、この仲間では格段に入手しやすい。美しさに加え、丈夫で繁殖も容易なため、まずはこの魚で飼育・繁殖の感覚を養うとよいだろう

回収し、孵化させる方法と、10日前後で親だけを別水槽に移して、孵化を待つ方法とがある。親によっては、孵化した子供をまったく食べないものもいるので、そうした種類は親と一緒に育成することも可能である。

卵は種類や水温などにより異なるが、10～14日で孵化する。孵化翌日から餌を食べるようになるので、ブラインシュリンプ幼生などを与える。

稚魚の成長は1年生魚のように早くはないが、3ヶ月もすれば雌雄の判別が可能になるだろう。その後1ヶ月もすれば、少ないが産卵も行うようになるだろう。

4. パンチャックスの仲間

飼育

該当する種類→P.62～69

この仲間は丈夫で強健な種類が多く、初心者にもお薦めである。

パルヴス（→P.45）やブロッキー（→P.45）のような小型種は、10～15ℓの小型水槽で繁殖まで狙うことができる。リネアトゥス（→P.45）のような大型種は45cmぐらいの水槽での飼育が望ましい。この仲間は常に水面近くを泳ぎ、驚くとジャンプすることもあるので、水槽には必ず隙間のないように蓋をしよう。

フィルターは飼育スタイルに応じて選べばよいだろう。飼育のセットは通常の熱帯魚と同様で構わない。混泳する種類を選べば、他の魚との同居も可能である。水質に対する順応性は高く、日本の水道水であれば、調整なし（塩素中和は要）で飼育は可能である。パンチャックス（→P.62）などは、かなり塩分濃度の高い汽水域に生息していることがあり、調子を崩した際などには塩分の添加が効果的な場合もある。水温に対する耐性も高く、30℃近くの高水温にも耐えるが、通常は25℃前後での飼育がよいだろう。餌は生き餌から人工飼料まで何でもよく食べる。

繁殖

繁殖はペアが寄り添い、水草の茂みなどで行われる。親が卵を食べることも多いため、定期的に卵を別容器に移してやると効率的に繁殖させることができる。水草の茂った水槽では自然繁殖も狙える。

卵は産卵後10日ほどで孵化し、稚魚は丈夫で育てやすい。孵化後3ヶ月もすれば雌雄の判別も可能になるだろう。

アプロケイルス・パンチャックス。強健な種類が多いパンチャックスの仲間は、卵生メダカ飼育の入門魚にも向いている

5. ノソブランキウスの仲間

飼育

ノソブランキウスの仲間は数多くの種類が知られているが、飼育方法についてはほとんどの種類が同様で構わない。ただし、種類により飼育・繁殖の難易度は大きく異なっている。

特に水質の悪化にうるさい種類以外は、10～15ℓの小型水槽でペアを飼育することが可能である。フィルターは投げ込み式やスポンジフィルターが使いやすいだろう。水槽のセットとしては下の写真のように、底面にピートモスを敷き、ウィローモスやウォータースプライトなどの浮き草を投入する。

水質は中性から弱アルカリ性の新しめの水を好むので、定期的に1/2程度の水換えは欠かせない。水質が悪化するとすぐにコショウ病に罹るので、その予防のためにも、飼育水にはやや塩分を加えておくとよい。水温は23～27℃程度が適している。

餌はアカムシなどの生き餌を好むが、冷凍アカムシなどで代用も可能である。あまり人工飼料は好まないが、与える場合は残餌が水質を悪化させないように注意しよう。

繁殖

ノソブランキウスの仲間の生息地は、1年のうちに雨期と乾期のある環境である。そのため、乾期の水のな

該当する種類→ P.70～95

底面にピートモスを敷き、スポンジフィルターを設置しただけのシンプルな飼育水槽

BREEDING

い時期には、卵は土中で過ごし、雨期に水が満たされると孵化するという生態をもっている。この不思議な繁殖生態は飼育下でも簡単に観察することができる。

繁殖用には、10〜15ℓの水槽を用意する。底面積の1/3〜1/2に厚さ2cmぐらいにピートモスを敷く。そこによく成熟した雌雄を入れれば、すぐに産卵を始めるだろう。オスが背びれでメスを抱くようにして、ピートモスの中に毎日少数ずつ卵が産みつけられる。

卵を確認したら、休眠処理を行う。産卵してから1〜2週間後に卵をピートモスごと目の細かいネットで掬い出す。そのまま手で水気を絞り、1時間ほど新聞紙などに広げ余分な水分

休眠処理を施した卵が入ったビニール袋

を飛ばす。その後、やや湿った状態でビニール袋に密封して、種類名や採卵日を書いたラベルを貼っておく。

卵の休眠期間は種類により異なっている。また卵の保存温度にも左右

ノソブランキウス・ラコビー繁殖。❶ ペア（上♂ 下♀）　❷❸ 産卵の瞬間　❹ 発眼し、孵化途中の卵

される。ときどき卵を確認して、発眼して眼の周りの金色がはっきりしてきたら孵化間近である。小型の水槽を用意して、卵の入っているピートモスごと水に入れる。タイミングさえ合っていれば数時間のうちに孵化するだろう。

孵化した稚魚は翌日には餌を食べるので、ブラインシュリンプ幼生などを与える。稚魚の成長は非常に早く、1ヶ月もすれば雌雄の判別も可能になり、産卵を始めるようになるだろう。

6. 南米産一年生魚

飼育

南米産の一年生の卵生メダカは数多くの属を含んでおり、形態や大きさもさまざまである。それをひとくくりに解説するのはやや難しいが、ここではページの都合もあるので、概略を説明しよう。

該当する種類→P.86～106

ペアだけを飼育するのであれば、飼育する種類のサイズに応じて水槽のサイズを選べばよい。小型種であれば、10～15ℓサイズの水槽で十分繁殖まで狙える。大型種には60cm水槽が必要になる場合もあるだろう。可能であればワンサイズ大きめの水槽で飼育するほうが水質の維持も簡単で失敗は少なくなるだろう。

フィルターは飼育スタイルに応じて適したものを選べばよいだろう。小型のスポンジフィルターが管理も楽で使いやすい。

単に飼育するだけなら、通常の熱帯魚と同じように砂利を敷いて、水草を植えた水槽でよいが、繁殖を狙う場合は、ベアタンクのほうが卵を得やすいだろう。

飼育には弱酸性の軟水が適しているが、急変さえ避ければ、多少の水質変化には適応する。水温はやや低めの20～23℃を保ったほうがよいが、中には20℃以下の低温を好む種類もいるため、夏場の水温上昇には注意が必要。

餌は生き餌を好み、あまり人工飼料は好まない。生き餌が入手できない場合は、冷凍赤虫で代用も可能であるが、残った餌による水質悪化には注意したい。

繁殖

繁殖を狙う場合は、水槽の底には何も敷かずに、やや広めの口の瓶な

卵生メダカを繁殖させる場合、ベアタンクのほうが効率がよい

どにピートモスを入れて、水槽に沈めておく。産卵準備が整ったペアはこのピートモスの中に潜るように入り込み、内部で産卵を行う。そのため、この仲間はピートダイバーとも呼ばれる。瓶の中のピートモスは定期的に取り出して、中の卵をチェックしてから休眠処理を行う。休眠処理の方法は、ノソブランキウスの仲間と同様でよい。

種類により休眠期間は異なるので、たまにチェックをして、卵の内部に金色の眼がはっきりしてきたら、ピートモスごと小型ケースに入れて水を注ぐ。早ければ数時間で稚魚が孵化してくるはずである。孵化しないようなら、再度休眠処理を行い、様子を見るとよいだろう。

孵化した稚魚は多くの種類で最初からブラインシュリンプ幼生を食べる。成長は非常に早く、日々目に見えて成長を感じるほどである。成長につれて餌の大きさと種類を変えていけば、1〜2ヶ月ほどで雌雄の判別ができるようになるだろう。

ブラインシュリンプの孵化器。写真は愛好家のお手製のものだが、市販もされている

7. リヴルスの仲間

飼育

リヴルスの仲間は小型種と大型種が混在しており、それによりやや飼育方法は異なってくる。ここではスペースの都合もあるので概略を解説しよう。

5cm前後の小型種の場合、10〜15ℓの小型水槽で飼育から繁殖まで行える。10cmに達するような大型種の場合、その倍以上の水槽が必要だろう。水槽が狭過ぎた場合、オスに追われたメスの逃げ場がなく、弱って死んでしまうこともある。水槽のセッティングその他はアフィオセミオンの仲間とほぼ同様でよいだろう。

神経質な種類も多く、驚いた際などに水槽から跳ね出すこともあるので、水槽の蓋は欠かせない。

該当する種類→ P.107〜113

水質に対する順応性の高い種類もいるが、多くは弱酸性の軟水を好む。水温は20〜25℃とやや低めを好む種類が多い。

餌はアカムシやブラインシュリンプなどの生き餌を好むが、冷凍赤虫でも代用できる。

繁殖

繁殖はピートモスや水草の茂みで行われる。定期的にペアを別水槽に移動させるか、卵を拾い出すと効率的に繁殖させることができるだろう。

稚魚の成長はややゆっくりしているが、3〜5ヶ月もすれば雌雄の判別が可能になるだろう。

8. 卵胎生メダカ

飼育

　一言に卵胎生メダカといっても、かなり多くのグループを含み、形態、生態もさまざまである。ホビーの方向性も、グッピーなどは本が1冊作れるほどである。ここではグッピーなどの改良品種は他の書籍に任せることとし、原種の卵胎生メダカを中心に飼育と繁殖の概略を解説していこう。

　飼育に必要な水槽は魚の種類を考慮して、適していると思うものより、ひとサイズ大きめのものを選ぶのがよいだろう。この仲間は遊泳力も強く、広いスペースが必要となる。また発情したオスがメスを追い回すことも多く、狭い水槽だとメスが弱ってしまうケースも多々ある。

　水流を好む種類が多く、また餌を食べる量が多く水を汚しがちなので、フィルターはややパワーのあるものを選ぶとよいだろう。

　水槽のセッティングは、通常の熱帯魚と同様に、砂利を敷き、水草を植え、流木や岩などでレイアウトを行うスタイルでよいだろう。

　この仲間の多くの種類は、中性から弱アルカリ性の水質を好むが、順応性の高い種類も多いため、特に水質を調整しなくても飼育は可能だろう。ただ、古くなりpHの下がった水は好まないため、定期的な水換えは欠かせない。水温は25℃前後がよいだろう。

　餌は生き餌から人工飼料まで何でもよく食べるので、バランスよく与えたい。モーリーの仲間などは植物食性が強く、水槽内に発生する藻類をよく食べるため、コケ掃除用に使われることも多い。

繁殖

　メスの体内で稚魚が育ち、産み出されるため、卵生メダカよりも格段に容易である。オスの尻びれはゴノポディウムと呼ばれる交接器になっており、これをメスの総排泄孔に挿入することにより、メスの体内へと精子を送り込み、メスの体内で受精が行われる。受精した卵はメスの体内で発生が進み、稚魚となった時点で体外へと産み出される。この繁殖

該当する種類→ P.120～160

人工飼料に集まるプラティやグッピー。多くの卵胎生メダカは市販の餌のみで難なく飼育ができる

BREEDING

の周期は種類により異なるが、大体1ヶ月前後である。産み出された稚魚は親に食べられてしまうことも多いため、すぐに親と分離したほうがよい。グッピー用の産卵ケースは小型種には使えるが、大型種では狭過ぎてストレスを与えてしまう。大型種の場合、繁殖用に別水槽を用意したほうが好結果を得られる。この繁殖用水槽には産まれた稚魚が親に食べられるのを防ぐために、ウィローモスなど隠れ場所となる水草を十分に植えておこう。

産まれた稚魚はそこそこの大きさがあるため、最初からブラインシュリンプを楽に食べることができる。成長に応じて他の餌に変えていけばよい。3ヶ月もすれば、オスのゴノポディウムも発達してくるため、雌雄の判別も可能になるだろう。

グッピーの産仔

このように書くと、卵生メダカよりもかなり繁殖が容易に思われるが、種類によってはなかなか産仔しなかったり、産んでも数が少なかったりすることも多く、系統維持に手こずる場合がある。

9. 真胎生メダカ（グーデアの仲間）

飼育

該当する種類→ P.162～171

この仲間も数多くの属を含み、ひとくくりに飼育方法を解説するのは難しいが、共通する注意点も多いので、それらをここで解説していこう。

小型種でも、卵生メダカのように10～15ℓの小型水槽での飼育は難しいことから、さらに大きめの水槽での飼育が適している。これは水質の維持の問題の他、発情したオスがメスを追い回した際、メスのストレスを軽減する意味もある。大型種の場合、60cm水槽でもスペース不足の場合もある。

おとなしそうな外見をした種類でも、意外に気が強く、同種間で激しい闘争をすることもあるので、常に観察は欠かせない。

卵胎生メダカと同様、やや流れのある飼育環境を好むため、フィルターは水流のできるパワーの強いものが適している。水槽のレイアウトは通常の熱帯魚と同様で構わないが、水質の維持と隠れ場所として水草は多く植えておきたい。

飼育の際の水質は中性から弱アルカリ性が適している。多くの場合、水道水を中和したものを調整なしで使えるが、場合によっては水槽にサンゴ砂を敷いたり、石灰岩を入れたりして硬度が高くなるように調整し

よう。pHが低下すると調子を崩すことが多いので、定期的に水換えを行い、水質を維持するのが飼育のポイントとなる。

餌は生き餌から人工飼料まで何でもよく食べる。生き餌の代わりに冷凍赤虫も使用できる。草食性が強い種類も多く、草食魚用の人工飼料も効果的に使える。

繁殖

この仲間の特徴は何といってもその繁殖生態である。卵胎生メダカと異なり、メスの体内で卵が孵化するだけではなく、臍の緒を通じて栄養をもらい、さらに成長した状態で産み出されるのである。それだけに稚魚のサイズは大きく、育成は楽である。繁殖の周期は卵胎生メダカよりも長く、1ヶ月半から2ヶ月近くになる場合もある。腹部が大きく発達したメスは別に用意した繁殖用水槽に移動して、そこで産仔させるのがよいだろう。産みそうでもなかなか産仔しなかったりと扱いに手こずる種類も多い。

産み出された稚魚の腹部には臍の緒が残っているが、数日すると体内へ吸収され見えなくなってしまう。産み出された稚魚は最初からブラインシュリンプを食べることできる。卵胎生メダカに比べ、1回に産む産仔数は少ないので、数多くを繁殖させるのはやや難しい。

ハイランドカープの繁殖。❶ 腹部が発達した♀ ❷❸ 産仔 ❹ 臍の緒が残る稚魚

メダカ類の病気と治療法

どの魚でもそうだが、適切な飼育下ではあまり病気に悩まされることはない。しかし、飼育環境のバランスが崩れた際などには、簡単に病気に罹ってしまう。予防が最大の対処方法であるのだが、ここでは不幸にも病気に罹った際の対処について解説していこう。

コショウ病（ウーディニウム病）

Oodinium spp. という鞭毛虫類が体表に寄生することによって発生し、卵生メダカでは、もっともよく見かける病気である。白点病よりも細かい、やや黄色がかった小点が、コショウをまぶしたかのように付着するのが、病名の由来である。

初期の段階では気付きにくく、ある程度症状が進んでから気付くことが多い。ベルベット病やウーディニウム病と呼ばれることもある。この病気への対処方法を身につけることが、卵生メダカ飼育のステップアップともいえるだろう。

水質が悪化した際に発生しやすいので、水質の安定が予防となる。ノソブランキウス属の魚は特にこの病気に罹りやすいので、あらかじめ飼育水に塩分を0.3％の濃度で加えておくのも予防方法である。

発見してしまえば比較的治療が容易で、市販薬の使用の他、塩でも治療することができる。その際は、水1ℓに対して3g程度の塩を溶かすだけでよいので、初期の段階であれば、薬品の使用よりもこの治療法のほうが安全である。市販薬では、マラカイトグリーンを主成分とする薬がこの病気には非常によく効くので、規定量を使用する。

水質の悪化が要因でもあるので、薬を使用する前に一部水換えを行ったほうが、より好ましい結果になることも多い。

エロモナス病

Aeromonas hydrophila という細菌類の一種が要因となり起こる病気で、特徴的な2つの症状が見られる。1つはマツカサ病と呼ばれる症状で、体表の鱗の下に体液が溜まり、鱗が松かさのように逆立ってしまうものである。もう1つの症状は、体表に皮下出血による赤斑が見られるもので、赤斑病と呼ばれる。

どちらの症状も卵胎生メダカおよび卵生メダカでは比較的よく見かけるが、水質の悪化が要因となっていることは確かなので、水質の安定が予防方法となる。また変質した餌などに起因することもあるので、人工飼料や冷凍餌などの質にも注意したい。

この病気の治療は難しく、完治させるのは困難である。市販薬の中では、パラザンが効果的であるが、絶対とはいえない。多くの疾病の中でも、特にこの病気に関しては、予防を第一に考えるのが望ましい。不幸にも飼育魚が罹ってしまった際には、投薬とともに病気の原因と考えられる飼育環境の改善と、適量の換水が必要である。

白点病

Ichthyophthirius multifiliis という繊

コショウ病に罹ったノソブランキウス・ラコビー

毛虫の一種が体表に寄生することによって発生し、熱帯魚の病気の中でもっともよく見かけるものの1つといえるが、メダカの仲間ではそう多くはない。

病魚はひれや体表面に小さな白点が付着していることから、注意していればその発見も容易である。ただし、初期には白点の数が少なく、見逃してしまうことも多いので、要注意である。

各メーカーからさまざまな治療薬が発売されており、初期であれば治療は比較的容易である。説明書をよく読み、使用方法や使用量を守り用いればよいだろう。

どの病気でもいえることだが、早期発見・早期治療が大切である。症状が進んでしまった魚の治療は難しくなるということは、覚えておきたい。

ひれ腐れ、尾ぐされ病

Flavobacterium columnare という細菌の感染で起こるカラムリナス症の一種とされるが、卵胎生メダカに多く見られる。グッピーの場合、初期には尾をたたんだように動きが鈍くなり、そのうちひれ先が赤くただれてくる。最終的には尾は破れ傘のようにボロボロになってしまう。

尾を観賞するグッピーにとって、この病気は観賞価値を著しく損なうことから大敵であるが、ペニシリン系の抗生物質が特効薬である。しかし、薬事法による規制があり、入手・使用にあたっては許可が必要。初期に発見すれば食塩やニトロフラン系の薬で治療が可能である。

マウスファンガス

この病気もカラムリナス症の一種といわれるが、口の周りが赤く糜爛を起こし、そのうち口先が真っ白になり鼻上げを始めて死亡する。

大変感染力が強く、また短時間で魚を斃死させるため、非常に恐ろしい病気であるが、なぜか最近は見かけることが少なくなった感染症である。治療はひれ腐れ病や、尾ぐされ病に準ずる。

グッピーのウイルス症

プロのブリーダーを含め、現在グッピーの愛好家がもっとも頭を抱えているのがこの疾病である。1980年代後半にシンガポールで発生したといわれている。

症状はカラムリナス症やエロモナス病様の糜爛が体の各所、特に各ひれに生じ、最終的には体を固めたようになって死亡してしまう。感染・伝染力が非常に強力で、一時はシンガポール産のグッピーを中心に多大な損害を与えた。最近は弱毒株になったのか、グッピー自体に免疫ができてきたのか、罹病してもすぐ死亡ということは少なくなってきたが、それでも完全にこの病気が治まったわけではない。

特にこの病気の怖いところは、一見まったく罹病しているようには見えないグッピーを他のグッピーと一緒にすると、突然一緒にされたグッピーが発病する場合があることである。これは一見発病していないグッピーでもキャリアのものがあるということなのだろう。そして発病したほうのグッピーは、それまでこの病原体に触れたことのない魚だったということである。また、病魚の入った水槽の飛沫からも簡単に感染することがあるので注意が必要だ。

この病気に対しては、水温を25℃以下に下げてウイルスを不活性化させ、塩によるトリートメントを行うことが有効であるということがわかってきたが、こうした対症療法のみで、根本的な治療法がないのが現状である。

索引

※写真掲載種のみ

●日本語索引

ア行

アウストロフンデュルス・グアジラ　90
アウストロレビアス・アドロフィ　95
アウストロレビアス・アレキサンドリィ　95
アウストロレビアス・ヴァズフェレイライ　99
アウストロレビアス・ウォルターストーフィ　98
アウストロレビアス・エロンガートゥス　97
アウストロレビアス・カルア　96
アウストロレビアス・サルビアイ　97
アウストロレビアス・プログナサス　98
アウストロレビアス・ベロッティー　96
アウストロレビアス・ニグリピニス　94
アタエニオビウス・トウエリィ　164
アダマス・フォーモサス　69
アファニウス・アナトリアエ　118
アファニウス・メント　118
アフィオセミオン・アバキヌム　43
アフィオセミオン・アモエナム　52
アフィオセミオン・エレガンス　44
アフィオセミオン・オゴエンセ　58
アフィオセミオン・カウドファスキアトゥム　57
アフィオセミオン・ガブネンセ　54
アフィオセミオン・キアノスティクトゥム　43
アフィオセミオン・キトリネイピニス　56
アフィオセミオン・クリスティ　47
アフィオセミオン・ゲオルギアエ　44
アフィオセミオン・ケリアエ　51
アフィオセミオン・コエレステ　55
アフィオセミオン・コグナトゥム　46
アフィオセミオン・コンギカム　47
アフィオセミオン・シオエズィ　45
アフィオセミオン・ジガイマ　60
アフィオセミオン・ジョーゲンスケーリ　57
アフィオセミオン・ストリアトゥム　54
アフィオセミオン・スプレンドプレウル　49
アフィオセミオン・ハーゾギィ　51
アフィオセミオン・ビタエニアトゥム　48
アフィオセミオン・ビルデカンピ　48
アフィオセミオン・ピロフォレ　59
アフィオセミオン・ブアラヌム　61
アフィオセミオン・ボエミィ　55
アフィオセミオン・ボルカヌム　49
アフィオセミオン・ラダイ　53
アフィオセミオン・ラバレイ　56
アフィオセミオン・ラムベルティ　46
アフィオセミオン・リゲンバキ　50
アフィオセミオン・レクトゴエンセ　45
アフィオセミオン・ロウエセンセ　58
アフィオセミオン・マクラートゥム　52
アフィオセミオン・ミンボン　53
アフィオセミオン属の一種"オヨ"　60
アフィオプラティス・ドゥボイシィ　69
アフィオレビアス・ペルエンシス　93
アフリカン・ランプアイ　29
アプロケイリクティス・スピローチェン　37
"アプロケイリクティス TZ 93/26"　37
アプロケイルス・スマラグド　63
アプロケイルス・デイイ　64
アプロケイルス・パルヴス　65
アプロケイルス・パンチャックス　62
アプロケイルス・ブロッキー　65
アプロケイルス・リネアトゥス　63
アメリカンフラッグ・フィッシュ　115
アメカ・スプレンデンス　164
アルファロ・クルトラートゥス　156
アルファロ・ヒュベリィ　156
アロトカ・ドゥゲシィ　170
アロドンティクティス・フブシィ　169
アロファルス・ロブストゥス　169
イリオドン・ザントゥシィ　171
イリオドン・ホワイティ　171
インドメダカ　15
ヴァリアトゥス　142
エピプラティス・セクスファスキアトゥス　68
エピプラティス・ダゲッティ　67
エピプラティス・ラモッティ　67
エンドラーズ・ライブベアラー　130
オリジアス・ニグリマス（ニグリマスメダカ）　17
オリジアス・プロフンディコラ（プロフンディコラメダカ）　18
オリジアス・ペクトラリス　21
オリジアス・マタネンシス（マタネンシスメダカ）　18
オリジアス・マルモラートゥス（マルモラータスメダカ）　19

カ行

カダヤシ　158
カパリクティス・バルダリス　171
カールフブシア・スチワーティ　155
カラコドン・アウダックス　168
カラコドン・ラテラリス　168

カロパンチャックス・オクキデンタリス　42
ガンブシア・プンティクラータ　157
ガンブシア・ホルブローキ　158
ガンブシア・レガニ　157
グッピー　124
グナソレビアス・ゾナートゥス　92
クリプトレビアス・カウドマルギナトゥス　114
クリプトレビアス・ブラジリエンシス　114
キフォフォルス・アルバレジィ　139
キフォフォルス・アンダーシィ　143
キフォフォルス・キフィディウム　143
キフォフォルス・クレメンシアエ　139
キフォフォルス・コーチアヌス　146
キフォフォルス・ネサウアルコヨトル　138
キフォフォルス・ピグマエウス　137
キフォフォルス・モンテズマエ　138
キプリノドン属の一種　115
ギラルディヌス・ファルカトゥス　150
ギラルディヌス・ミクロダクティルス　150
ギラルディヌス・メタリクス　149
クインタナ・アトリゾナ　148
クレニクティス・バイレイィ　170

サ行

ジェニシア・リネアータ　160
ジャワメダカ　16
シュードエピプラティス・アヌラートゥス　68
シンプソニクティス・アルターナートゥス　104
シンプソニクティス・カーレットイ　100
シンプソニクティス・コスタイ　104
シンプソニクティス・コンスタンキアエ　106
シンプソニクティス・サンタナエ　105
シンプソニクティス・ステラートゥス　102
シンプソニクティス・チャコエンシス　105
シンプソニクティス・トリリネアトゥス　101
シンプソニクティス・ノアートゥス　101
シンプソニクティス・フラビカウダトゥス　103
シンプソニクティス・フラメウス　103
シンプソニクティス・フルミナンティス　100
シンプソニクティス・ボカーマニィ　106
シンプソニクティス・マグニフィクス　99
シンプソニクティス属の一種"ウルクイア"　102
ズーゴネティクス・テキーラ　166
スキフィア・ビリネアータ　165
スキフィア・レルマエ　166
スキフィア・ムルティプンクタータ　165
スクリプタフィオセミオン・グィグナルディ　42

スワローキリー　91
セイルフィン・モーリー　134
ゼノタエニア・レソラナエ　163
ゼノトカ・ヴァリアータ　163
ゼノファルス・ウンブラティリス　155
ゼノポエキルス・サラシノルム（スラウェシコモリメダカ）　22
セレベスメダカ　17
ソードテール　140

タ行

タイメダカ　20
タンガニイカ・ランプアイ　34
テロレビアス・ファシアヌス　92
ドワーフ・モスキートフィッシュ　151

ナ行

ネオフンドゥルス・パラグアイエンシス　88
ネオヘテランドリア・エレガンス　152
ネオヘテランドリア・カナ　152
ネオンブルー・オリジアス　19
ネマトレビアス・ホワイティ　93
ノソブランキウス・ヴィルガトゥス　82
ノソブランキウス・ウガンデンシス　81
ノソブランキウス・エッゲルシィ　74
ノソブランキウス・カーディナリス　73
ノソブランキウス・カフエンシス　77
ノソブランキウス・キルキ　81
ノソブランキウス・キロンベロエンシス　76
ノソブランキウス・ギュンテリィ　70
ノソブランキウス・コルサウサエ　75
ノソブランキウス・シモエンシィ　78
ノソブランキウス・ジャンパビィ　83
ノソブランキウス・ジュビィ　83
ノソブランキウス・ヌバエンシス　78
ノソブランキウス・ネウマニィ　80
ノソブランキウス・パトリジー　72
ノソブランキウス・ハッソーニ　76
ノソブランキウス・パルムクウィスティ　71
ノソブランキウス・フォーシィ　71
ノソブランキウス・フラミコマンティス　73
ノソブランキウス・フルゼリ　82
ノソブランキウス・マライッセイ　77
ノソブランキウス・ラコビー　79
ノソブランキウス・ルブリピニス　72
ノソブランキウス・ルブムバシィ　80
ノソブランキウス・ローレンシィ　75
ノソブランキウス属の一種"カプリヴィ"　84

ノソブランキウス属の一種"マラウィ"　84

ハ行
ハイナンメダカ　15
ハイランドカープ　162
パキパンチャックス・オマロノートゥス　66
パキパンチャックス・プレイフェイリー　66
パピリオレビアス・ビターイ　89
ピチューナ・コンパクタ　88
ヒプソパンチャックス・モデスタス　28
ファリクチス・フェアウエアセリィ　149
ファロケルス・カウディマクラートゥス　134
フィリピンメダカ　16
プセウドキフォフォルス・ビマクラータ　151
ブラキラフィス・エピスコピィ　154
ブラキラフィス・ロゼニィ　153
プラタプロキルス・ガエンシス　27
プラタプロキルス・カビンダエ　27
プラタプロキルス・ミムス　26
プラタプロキルス・ロエメンシス　26
プラタプロキルス属の一種　28
プラティ　144
プリアペラ・インターメディア　146
プリアペラ・オルメカエ　147
プリアペラ・コンプレッサ　147
ブルーグラリス　41
フレキシペニス・ビッタートゥス　154
プレシオレビアス・アルアナ　89
プレシオレビアス・グラウコプテルス　90
プロカトーパス・アベランス　25
プロカトーパス・シミリス　24
プロカトーパス・ノトタエニア　25
プロノソブランキウス・キャウエンシス　85
フンドゥルス・クリソトゥス　116
フンドゥルス・コンフルエントゥス　116
フンドゥルス・ヘテロクリトゥス　117
フンドゥロソマ・ティエリィ　85
フンドゥロパンチャックス・ガードネリィ　38
フンドゥロパンチャックス・キナモメウム　41
フンドゥロパンチャックス・スプレンバージ　40
フンドゥロパンチャックス・フィラメントサス　40
ベロネソックス・ベリザヌス　159
ポエキリア・ヴィヴィパラ　132
ポエキリア・オーリィ　132
ポエキリア・カウカナ　131
ポエキリア・スカルプリデンス　131
ポエキリア・スフェノプス　133

ポエキリオプシス・グラキリスと思われる魚　153
ポロパンチャックス・ブリシャールディ　31
ポロパンチャックス・マイアシィ　30
ポロパンチャックス・ルクソフタルムス　30

マ行
マラテオカラ・ラコルティ　87
ミクロポエキリア・パラエ　120
ミクロポエキリア・ピクタ　121
ミクロポエキリア・ブランネリィ　122
ミクロポエキリア・ミニマ　123
ミクロポエキリア属の一種　123
ミクロポエキリア属の一種"オレンジライン"　122
ミクロモエマ・キフォフォーラ　91
ミクロパンチャックス・スケーリ　31
メコンメダカ　20
メダカ（ニホンメダカ）　10
メダカ属の一種・インド産　22
メダカ属の一種・インドージー湖産　21
メリーウィドー　148

ヤ行
ヨツメウオ（フォーアイ・フィッシュ）　160

ラ行
ライアーテール　50
ラクストリコラ・カセンジエンシス　33
ラクストリコラ・カタンガエ　32
ラクストリコラ・ブコバヌス　32
ラクストリコラ・マクラートゥス　33
ラクストリコラ・ミアボサエ　34
ラコヴィア・ピロプンクタータ　86
ランプリクティス・タンガニクス　36
リヴルス・アギラエ　107
リヴルス・イリデスケンス　108
リヴルス・インスラエピノルム　110
リヴルス・ウロフタルムス　111
リヴルス・オブスクルス　111
リヴルス・キフィディウス　107
リヴルス・キリンドラケウス　109
リヴルス・プンクタートゥス　108
リヴルス・マグダレナエ　110
リヴルス・マーディアエンシス　112
リヴルス・ロロフィ　109
リヴルス属の一種"アルア"　112
リヴルス属の一種"カラカス"　113
リヴルス属の一種"レッドフィン"　113

リミア・ドミニケンシス　136
リミア・ニグロファスキアータ　137
リミア・ピッタータ　136
リミア・ペルギアエ　135
リミア・メラノガスター　135
レキシパンチャックス・カバエ　35
レキシパンチャックス・ニンバエンシス　35
レキシパンチャックス・ランベルティ　36
レノヴァ・オスカーイ　87
レプトレビアス・アウレオグッタートゥス　86

● 学名索引

Adamas formosus　69
Alfaro cultratus　156
Alfaro huberi　156
Allodontichthis fubbsi　169
Alloophorus robustus　169
Allotoca dugesi　170
Ameca splendens　164
Anableps anableps　160
Aphanius anatoliae　118
Aphanius mento　118
Aphyolebias peruensis　93
Aphyoplatys duboisi　69
Aphyosemion abacinum　43
Aphyosemion amoenum　52
Aphyosemion australe　50
Aphyosemion bitaeniatum　48
Aphyosemion boehmi　55
Aphyosemion bualanum　61
Aphyosemion caudofasciatum　57
Aphyosemion celiae　51
Aphyosemion christyi　47
Aphyosemion citrineipinnis　56
Aphyosemion coeleste　55
Aphyosemion cognatum　46
Aphyosemion congicum　47
Aphyosemion cyanostictum　43
Aphyosemion elegans　44
Aphyosemion gabunense　54
Aphyosemion georgiae　44
Aphyosemion herzogi　51
Aphyosemion joergenscheeli　57
Aphyosemion labarrei　56
Aphyosemion lamberti　46
Aphyosemion louessense　58
Aphyosemion maculatum　52

Aphyosemion mimbon　53
Aphyosemion ogoense　58
Aphyosemion pyrophore　59
Aphyosemion raddai　53
Aphyosemion rectogoense　45
Aphyosemion riggenbachi　50
Aphyosemion schioetzi　45
Aphyosemion splendopleure　49
Aphyosemion striatum　54
Aphyosemion volcanum　49
Aphyosemion wildekampi　48
Aphyosemion zygaima　60
Aphyosemion sp. "Oyo, RPC 91/8"　60
Aplocheilichthys spilauchen　37
Aplocheilus blockii　65
Aplocheilus dayi　64
Aplocheilus lineatus　63
Aplocheilus lineatus var.　63
Aplocheilus panchax　62
Aplocheilus parvus　65
Ataeniobius toweri　164
Austrofundulus guajira　90
Austrolebias adloffi　95
Austrolebias alexandri　95
Austrolebias bellottii　96
Austrolebias charrua　96
Austrolebias elongatus　97
Austrolebias nigripinnis　94
Austrolebias prognathus　98
Austrolebias salviai　97
Austrolebias vazferreirai　99
Austrolebias wolterstorffi　98
Belonesox belizanus　159
Brachyrhaphys episcopi　154
Brachyrhaphys roseni　153
Callopanchax occidentalis　42
Carlhubbsia stuarti　155
Chapalichthys pardalis　171
Characodon audax　168
Characodon lateralis　168
Crenichthys baileyi　170
Cyprinodon sp.　115
Epiplatys dageti　67
Epiplatys lamottei　67
Epiplatys sexfasciatus　68
Flexipenis vittatus　154
Fundulopanchax cinnamomeum　41

Fundulopanchax filamentosus 40
Fundulopanchax gardneri 38
Fundulopanchax sjostedti 41
Fundulopanchax spoorenbergi 40
Fundulosoma thierryi 95
Fundulus chrysotus 116
Fundulus confluentus 116
Fundulus heteroclitus 117
Gambusia affinis 158
Gambusia holbrooki 158
Gambusia puncticulata 157
Gambusia regain 157
Girardinus falcatus 150
Girardinus metallicus 149
Girardinus microdactylus 150
Gnatholebias zonatus 92
Heterandria formosa 151
Hypsopanchax modestus 28
Ilyodon whitei 167
Ilyodon xantusi 167
Jenysia lineata 160
Jordanella floridae 115
Kryptolebias brasiliensis 114
Kryptolebias caudomarginatus 114
Lacustricola bukobanus 32
Lacustricola kassenjiensis 33
Lacustricola katangae 32
Lacustricola maculatus 33
Lacustricola myaposae 34
Lacustricola pumilus 34
Lamprichthys tanganicanus 36
Leptolebias aureoguttatus 86
Limia dominicensis 136
Limia melanogaster 135
Limia nigrofasciata 137
Limia perugiae 135
Limia vittata 136
Marateocara lacortei 87
Micromoema xiphophora 91
Micropanchax scheeli 31
Micropoecilia branneri 122
Micropoecilia minima 123
Micropoecilia parae 120
Micropoecilia picta 121
Micropoecilia sp. "Orange line" 122
Micropoecilia sp. 123
Nematolebias whitei 93

Neofundulus paraguaiensis 88
Neoheterandria cana 152
Neoheterandria elegans 152
Nothobranchius cardinalis 73
Nothobranchius eggersi 74
Nothobranchius flammicomantis 73
Nothobranchius foerschi 71
Nothobranchius furzeri 92
Nothobranchius guentheri 70
Nothobranchius hassoni 76
Nothobranchius janpapi 93
Nothobranchius jubbi 93
Nothobranchius kafuensis 77
Nothobranchius kirki 91
Nothobranchius kilomberoensis 76
Nothobranchius korthausae 75
Nothobranchius lourensi 75
Nothobranchius malaissei 77
Nothobranchius neumanni 80
Nothobranchius nubaensis 78
Nothobranchius palmqvisti 71
Nothobranchius patrizii 72
Nothobranchius rachovii 79
Nothobranchius rubripinnis 72
Nothobranchius symoensi 78
Nothobranchius ugandensis 91
Nothobranchius virgatus 92
Nothobranchius sp. "Caprivi" 94
Nothobranchius sp. "Lubumbashi CI07" 90
Nothobranchius sp. "Malawi" 94
Oryzias celebensis 17
Oryzias curvinotus 15
Oryzias javanicus 16
Oryzias latipes 10
Oryzias luzonensis 16
Oryzias marmoratus 19
Oryzias matanensis 18
Oryzias mekongensis 20
Oryzias melastigma 15
Oryzias minutillus 20
Oryzias nigrimas 17
Oryzias pectoralis 21
Oryzias profundicola 18
Oryzias sp. 19
Oryzias sp. "Indawgyi Lake" 21
Oryzias sp. " India" 22
Pachypanchax omalonotus 66

Pachypanchax playfairii   66
Papiliolebias bitteri   89
Phallichthys amates   148
Phallichthys fairweatheri   149
Phalloceros caudimaculatus   134
Pituna compacta   88
Plataplochilus cabindae   27
Plataplochilus loemensis   26
Plataplochilus mimus   26
Plataplochilus ngaensis   27
Plataplochilus sp.   28
Plesiolebias aruana   89
Plesiolebias glaucopterus   90
Poecilia caucana   131
Poecilia orri   132
Poecilia reticulata   124
Poecilia scalpridens   131
Poecilia sphenops   133
Poecilia verifera   134
Poecilia vivipara   132
Poecilia wingei   130
Poeciliopsis sp. cf. *gracilis*   153
Poropanchax brichardi   31
Poropanchax luxophthalmus   30
Poropanchax myersi   30
Poropanchax normani   29
Priapella compressa   147
Priapella intermedia   146
Priapella olmecae   147
Procatopodinae sp. "TZ 93/26"   37
Procatopus aberrans   25
Procatopus nototaenia   25
Procatopus similis   24
Pronothobranchius kiyawensis   95
Pseudepiplatys annulatus   68
Pseudoxiphophorus bimaculata   151
Pterolebias phasianus   92
Quintana atrizona   148
Rachovia pyropunctata   86
Renova oscari   87
Rhexipanchax kabae   35
Rhexipanchax lamberti   36
Rhexipanchax nimbaensis   35
Rivulus agilae   107
Rivulus cylindraceus   109
Rivulus insulaepinorum   110
Rivulus iridescens   108

Rivulus magdalenae   110
Rivulus mahdiaensis   112
Rivulus obscurus   111
Rivulus punctatus   108
Rivulus roloffis   109
Rivulus urophthalmus   111
Rivulus xiphidius   107
Rivulus sp. "Arua"   112
Rivulus sp. "Caracas"   113
Rivulus sp. "Red fin"   113
Scriptaphyosemion guignardi   42
Simpsonichthys alternatus   104
Simpsonichthys bokermanni   106
Simpsonichthys carlettoi   100
Simpsonichthys chacoensis   105
Simpsonichthys constanciae   106
Simpsonichthys costai   104
Simpsonichthys flammeus   103
Simpsonichthys flavicaudatus   103
Simpsonichthys fulminantis   100
Simpsonichthys magnificus   99
Simpsonichthys notatus   101
Simpsonichthys santanae   105
Simpsonichthys stellatus   102
Simpsonichthys trilineatus   101
Simpsonichthys sp. "Urucuia"   102
Skiffia bilineata   165
Skiffia lermae   166
Skiffia multipunctata   165
Terranatos dolichopterus   91
Xenophallus umbratilis   155
Xenopoecilus sarasinorum   22
Xenotaenia resolanae   163
Xenotoca eiseni   162
Xenotoca variata   163
Xiphophorus alvarezi   139
Xipophorus andersi   143
Xiphophorus clemenciae   139
Xiphophorus couchianus   146
Xiphophorus helleri   140
Xiphophorus maculates   144
Xphophorus montezumae   138
Xiphophorus nezahualcoyotl   138
Xiphophorus pygmaeus   137
Xiphophorus variatus   142
Xipophorus xiphidium   143
Zoogoneticus tequila   166

■著者　山崎 浩二（やまざき こうじ）

1963年岩手県生まれ。日本大学農獣医学部水産学科卒業。熱帯魚や水生生物を中心に撮影する写真家。熱帯魚のなかでも小型種の美しい色彩をそのままに再現する技術は海外でも高い評価を受けている。主に東南アジアの水生生物の撮影をライフワークとする。主な著書に「はじめてのメダカ」（どうぶつ出版）「最新図鑑熱帯魚アトラス」（共著、平凡社）「びっくりギョ！ぎょ！魚！」（PHP出版）「ベタ・スプレンデンス」（共著、ピーシーズ）「たのしいカメ・メダカ・オタマジャクシ・ザリガニ・ヤドカリ」（主婦の友社）「淡水産エビ・カニハンドブック」（文一総合出版）など多数。

■卵胎生メダカ・真胎生メダカ種解説執筆　久保田 勝馬（くぼた かつま）

1961年東京都生まれ。幼少の頃から熱帯魚の飼育に興味をもち、趣味が高じてタイのバンコクにSiam Pet Fish Tradingを設立し、熱帯魚の輸出に携わっている。学界との交流も盛んで、数多くの新種を発見し、ミクロラスボラやボティアの学名に献名されている。卵胎生メダカは昔から最も興味のある分野で、実際の飼育や繁殖に基づいた知識には定評がある。

■協力

青木弘司、青野元昭、五十嵐雪絵、池上有紀、泉山弘樹、市川幸伸、伊藤淳一、伊藤太乙、井上晃延、内海克彦、大森祥司、奥田泰、小林圭介、近藤貴行、近藤辰夫、酒井道郎、佐藤昭広、陶武利、杉野真之、鈴野集司、染葉浩、高橋光徳、谷口真平、玉水洪充、冨永進、永井裕貴、新田美砂人、根本博道、松永康治、三木数夫、村田一敏、守屋慶一、矢倉純子、横田秀雄、横山晃、吉田卓史、渡辺寛
アクアリスト、アクアホリック・ジャパン、市ヶ谷フィッシュセンター、CAKUMI、キリーショップ・キプリ、KCJ、Siam Pet Fish Trading、JKF、所沢熱帯魚、TROPICAL GARDEN、豊橋アマゾン、名古屋市東山動植物園・世界のメダカ館、日本観賞魚貿易、ピクタ、Bitter Exotics、フィッシュパラダイス・イイジマ、フィッシュメイト・フォーチュン、丸湖商事、妙蓮寺水族館、Mimbon Aquarium、めだか家、メダランド、リオ、リミックス

■写真協力　酒井道郎、森岡篤

■カバーデザイン　Studio9（茂手木将人）
■作図　Freedom

世界のメダカガイド

著　者　山崎浩二　　　　　　　　　　　　　　　　2010年8月20日　初版第1刷発行
発行者　斉藤博
発行所　株式会社　文一総合出版
〒162-0812　東京都新宿区西五軒町2-5
TEL：03-3235-7231　FAX：03-3269-1402
URL：http://www.bun-ichi.co.jp　振替：00120-5-42149
印刷所　奥村印刷株式会社

乱丁本はお取り替えいたします。本書の一部またはすべての無断転載を禁じます。
©Koji Yamazaki 2010　ISBN 978-4-8299-0179-3　Printed in Japan